LAVOISIER NO ANO UM

COLEÇÃO GRANDES DESCOBERTAS

O cosmo de Einstein: como a visão de Albert Einstein transformou nossa compreensão de espaço e tempo, de Michio Kaku

A peste dos médicos: germes, febre pós-parto e a estranha história de Ignác Semmelweis, de Sherwin B. Nuland

Gênio obsessivo: o mundo interior de Marie Curie, de Barbara Goldsmith

Lavoisier no Ano Um: o nascimento de uma nova ciência numa era de revolução, de Madison Smartt Bell

TÍTULO:

LAVOISIER NO ANO UM

SUBTÍTULO:

O nascimento de uma nova ciência numa era de revolução

AUTOR:

Madison Smartt Bell

TRADUÇÃO:

Ivo Korytowski

COLEÇÃO:

Grandes Descobertas

EDITORA:

Companhia das Letras

COMPANHIA DAS LETRAS

TÍTULO ORIGINAL
Lavoisier in the Year One: The birth of a new science in an age of revolution

CAPA E PROJETO GRÁFICO DA COLEÇÃO
Kiko Farkas/ Máquina Estúdio
Elisa Cardoso/ Máquina Estúdio

FOTO DE CAPA
Erich Lessing/ Latinstock

FOTO DE LOMBADA
Hulton Archive/ Getty Images

PREPARAÇÃO
Leny Cordeiro

ÍNDICE REMISSIVO
Renata Simões

REVISÃO
Carmen S. da Costa e Ana Maria Barbosa

Dados Internacionais de Catalogação na Publicação (CIP)
(Câmara Brasileira do Livro, SP, Brasil)

Bell, Madison Smartt
Lavoisier no Ano Um : nascimento de uma nova ciência numa era de revolução / Madison Smartt Bell ; tradução Ivo Korytowski. — São Paulo : Companhia das Letras, 2007.

Título original: Lavoisier in the Year One.
Bibliografia.
ISBN 978-85-359-0970-8

1. França – História – Revolução, 1789-1799 2. Lavoisier, Antoine Laurent, 1743-1794 3. Processos químicos 4. Química – França – História – Século 18 5. Química – Nomenclatura 6. Química – França – Biografia I. Título.

07-0059 CDD-540.92

Índice para catálogo sistemático:
1. Químicos : Vida e obra 540.92

[2007]

EDITORA SCHWARCZ LTDA.
Rua Bandeira Paulista 702 cj. 32
04532-002 — São Paulo — SP
Telefone: (11) 3707-3500
Fax: (11) 3707-3501
www.companhiadasletras.com.br

Ao espírito de Giordano Bruno
Onde quer que se encontre

SUMÁRIO

CAPÍTULO 1
ANCIEN RÉGIME

No início do outono de 1793, autoridades da Convenção Nacional Francesa visitaram Antoine Lavoisier em sua residência de Paris: boulevard de la Madeleine, 243. Um quarteirão a oeste nessa rua elegante, as obras na igreja de Saint-Marie Madeleine, projetada no estilo do Partenon grego, haviam sido suspensas desde 1791. Do pórtico clássico inacabado, via-se ao sul, descendo-se pela rue Royale, a Place de la Révolution, onde a guilhotina logo seria instalada. O dr. Guillotin, assim como Lavoisier membro da elite científica parisiense, havia criado o dispositivo como uma substituição humana e civilizadora à brutalidade dos machados e cordas. Ficaria chocado como qualquer outro ao ver sua idéia se transformar numa das armas de terror mais apavorantes que o mundo ocidental já conheceu.

As autoridades haviam vindo, em nome do temido "Comitê de Salvação Pública", revistar e confiscar os papéis de Lavoisier. No final, não encontraram nada suspeito, exceto correspondência em línguas estrangeiras (inglês e italiano) de colegas cientistas: Lazzaro Spallanzani, Joseph Priestley, Joseph Black, Benjamin Franklin. Lavoisier foi autorizado a aplicar seu selo pessoal ao maço apreendido. Provavelmente temia que documentos mais perigosos pudessem ser acrescentados ao pacote por seus inimigos, embora o boletim da ocorrência afirmasse que "não é por desconfiança que ele solicita essa precaução, mas em prol da ordem".[1]

A data, de acordo com o Calendário Revolucionário Francês, era 24 frutidor do Ano Um, ainda que nem Lavoisier, nem mais ninguém soubesse disso. Para eles, aquele dia era 10 de setembro de 1793. O Calendário Revolucionário Francês, embora datado a partir do estabelecimento da República Francesa, em 22 de setembro de 1792, só foi promulgado e adotado em outubro de 1793. Portanto, o Ano Um existia apenas em retrospecto; ninguém o experimentou diretamente. Mesmo assim tinha importância. Antes do Ano Um, a vida e a carreira de Lavoisier haviam decorrido sem problemas na estrutura social da monarquia Bourbon. Daquela época em diante, sua vida e obra seriam reexaminadas no contexto novo e perigoso da revolução e do terror.

O Calendário Revolucionário Francês visava livrar a medição do tempo da mão autoritária da religião — e depurar o calendário juliano das excentricidades matemáticas. O calendário reformado operava com base dez, dividindo cada mês em três ciclos de dez dias, e cada dia em dez períodos de cem minutos com cem segundos cada. O próprio Lavoisier foi um defensor do calendário reformado, e em 1793 trabalhava ativamente em prol de uma reforma paralela do sistema de pesos e medidas. O método decimalizado de medição mostrou-se bem mais duradouro que o Calendário Revolucionário Francês e permanece até hoje como o sistema métrico padrão. Em 24 frutidor do Ano Um, outro colega cientista de Lavoisier, Antoine-François de Fourcroy, veio com as outras autoridades ao boulevard de la Madeleine a fim de pegar de volta instrumentos de que Lavoisier fazia uso para o projeto de pesos e medidas — um mau presságio, pois Lavoisier havia calculado que a participação no projeto público garantiria sua passagem segura pelos tempos turbulentos.

Se Lavoisier tivesse entendido corretamente o perigo que o novo contexto social radical do ainda não declarado Ano Um representava para ele, talvez tivesse fugido do país. Ao que parece, ele não percebeu a extensão do risco que corria, embora em outros contextos tivesse compreendido — melhor do que qualquer outro cientista de sua época — a importância crucial de mudanças radicais no ponto de vista. O que Lavoisier denominava "*le principe oxygine*", cuja descoberta garantiria seu lugar permanente e proeminente na história da ciência, havia sido descoberto por outros antes dele: Joseph Priestley, que o imaginava como "ar fixo", e Carl Wilhelm Scheele, que o denominou "ar de fogo". O feito radical de Lavoisier foi entender e definir o gás não totalmente novo como *oxigênio*, situando-o assim em um contexto inédito a partir do qual toda a química moderna começaria a evoluir. Tratou-se de um exercício extraordinário no poder de nomeação.

Nos anos que precederam a Revolução Francesa, a genialidade ordenadora de Lavoisier encontrara outras aplicações fora da sua pesquisa puramente científica. Em 1788, ele ocupou cinco cargos públicos importantes ao mesmo tempo, incluindo a diretoria da Administração da Pólvora e Salitre e um posto no conselho diretor do Banco de Descontos, que lhe deu uma posição influente no centro das finanças nacionais francesas. Em 1790, sua onipresença nos negócios públicos, junto com sua riqueza considerável, tornaram-no um alvo atraente para a esquerda radical. Em janeiro de 1791, o jornalista jacobino Jean-Paul Marat atacou-o nas páginas do *L'Ami du Peuple*:

> Denuncio a vocês o corifeu dos charlatões, mestre Lavoisier, filho de um açambarcador de terras, químico aprendiz, discípulo do especulador em ações genebrês Necker, um fazendário-geral, comissário da Pólvora e Salitre, diretor do Banco de Descontos, secretário do rei, membro da Academia de Ciências, íntimo de Vauvilliers, administrador inconfiável da Comissão de Alimentos de Paris e o maior maquinador de nossos tempos.[2]

A denúncia de Marat resultava de velhos ressentimentos e rivalidades; em 1779, Lavoisier ajudou a denunciar Marat como um charlatão da ciência — em nome da Academia de Ciências Francesa. No clima nivelador de 1791, a própria existência de academias nacionais para as ciências, literatura e cultura podia parecer culpadamente elitista, e o título de nobreza que o pai de Lavoisier comprara para ele como presente de casamento em 1771 deixara de ser uma vantagem. Mas seu ponto de vulnerabilidade fatal, que trouxe os comissários à sua casa no boulevard de la Madeleine, foi o que havia sido seu ganha-pão mais lucrativo: trabalhar para a Ferme Générale, ou Fazenda Geral.

Durante séculos, a coleta de impostos francesa havia sido arrendada ou delegada pela monarquia francesa a investidores privados, que garantiam ao Tesouro Real somas fixas pelo período de cada arrendamento e, depois, obtinham seu próprio lucro ou prejuízo com os impostos que conseguiam coletar. No final do século XVII, a concessão para a coleta de impostos assumira proporções gigantescas, com 30 mil empregados. No final do século XVIII, o governo francês se tornara fortemente dependente da Fazenda Geral para obter crédito e pagar o serviço da dívida nacional em rápido crescimento.

A Fazenda Geral era dirigida por uma corporação de quarenta a sessenta sócios quando Lavoisier aderiu a ela, em 1768. O preço de uma participação integral naquele ano era de 1 560 000 libras. Aos 24 anos, Lavoisier adquiriu uma cota de um terço do coletor de impostos idoso Baudon, que estava à procura de um auxiliar, por um pagamento inicial de 68 mil libras. Ele tratou o negócio da coleta de impostos com o zelo reformador que demonstrava em todas as suas atividades, mas mesmo suas inovações mais avançadas tendiam a arrochar ainda mais os contribuintes franceses. A Fazenda Geral era tão popular quanto qualquer autoridade fiscal em qualquer outra época ou lugar, ou até menos popular que a maioria. A organização coletava um imposto sobre o sal (*gabelle*) e outro sobre o álcool e o tabaco (*aide*), além de taxas alfandegárias (*traites*) e taxas sobre produtos que entravam em Paris provenientes de outras partes da França (*entrées*). A sonegação de todos esses impostos via contrabando e outras fraudes era epidêmica, e a punição rigorosa desses delitos aumentava a aversão geral pela fazenda. Além disso, acusações de locupletação eram bem fundamentadas.

A Fazenda Geral foi abolida em 1791, em meio a acusações generalizadas de má gestão. Lavoisier renunciara ao seu posto pouco antes. No entanto, a Convenção Nacional francesa exigiu uma investigação dos negócios da fazenda retroativa a 1740. Os ativos da fazenda deveriam ser liqüidados e incorporados ao Tesouro Nacional, mas essa providência foi sendo protelada por uma série de crises políticas, enquanto os fazendários, ou ex-fazendários, eram acusados de tentar ganhar tempo. No outono de 1793, com o início do reinado do Terror, a impaciência para resolver a questão da Fazenda Geral (e coletar o dinheiro) se tornara extrema. Lavoisier foi apenas um dentre vários ex-fazendários a ter seus papéis revistados e confiscados.

A participação na Fazenda Geral tornou Lavoisier um dos membros mais abastados da classe burguesa que cresceu e prosperou durante as duas últimas décadas do governo dos Bourbon. Em 1786 ele auferira um lucro total de 1,2 milhão de libras — o equivalente a 48 milhões de dólares americanos do século XX. Seu modo de vida não era ostentoso para um homem de tamanha riqueza. Uma declaração financeira de 1791 lista seis empregados domésticos (um cozinheiro, uma camareira, um cocheiro e três lacaios) — um pessoal razoavelmente pequeno, considerando-se a época e sua posição, embora ele também possuísse uma propriedade rural de 567 hectares, Fréchines, no vale do Loire, e outros 103 hectares em Ville-Francoeur.

A carreira de Lavoisier na Fazenda Geral proporcionava uma renda excelente, além de deixar bastante tempo livre para a ciência e outras atividades. Os impostos, de fato, sustentaram as suas pesquisas — algo incomum na época. Na França do século XVIII, a ciência podia ser uma vocação, mas não era um meio de vida. O apoio financeiro público à ciência era escasso; os aspirantes a cientista tinham de arcar com os custos de seus próprios programas de pesquisa. Lavoisier, cujo ambiente familiar havia sido relativamente modesto, aplicou seus lucros da Fazenda Geral para equipar um dos laboratórios mais sofisticados — e caros — da Europa.

O tetravô de Antoine Lavoisier era um mensageiro das cavalariças do rei, responsável por conduzir malas postais. Seu trisavô tornou-se chefe de uma estação de posta e hospedaria no mercado de Villers-Cotterêts, cidade a uns oitenta quilômetros a nordeste de Paris. Seu bisavô, Nicolas Lavoisier, foi um bailio no sistema judiciário local e prosperou o suficiente para possuir várias casas na cidade. O filho de Nicolas, o avô do químico, tornou-se advogado na corte e casou-se com a filha de um abastado tabelião na cidade de Pierrefonds. O primogênito deles, Jean-Antoine Lavoisier, foi enviado a Paris para estudar direito. Com a aposentadoria do irmão solteiro de sua mãe, Jean-Antoine herdou o cargo do tio como advogado no Parlement de Paris, a suprema corte do *ancien régime*. A família Lavoisier levou mais de um século para completar essa trajetória ascendente e fazer parte da recém-constituída classe profissional dos *robins* — os "homens togados" ou advogados.

Além do cargo, Jean-Antoine herdou a casa do tio no bairro parisiense de Marais e um legado de 40 mil libras. Encontrou um bom partido em Emilie Punctis, a filha com reputação de bonita de uma família burguesa bem relacionada que fizera uma fortuna modesta como açougueiros. Através de investimentos cuidadosos em terras, Jean-Antoine aumentou a riqueza da família — tais foram os motivos, conquanto fracos, para Marat tachá-lo de "açambarcador de terras".

O primeiro filho dos Lavoisier, Antoine, nasceu em 26 de agosto de 1742, na casa de Jean-Antoine. Uma filha, Marie Marguerite Emilie, nasceu dois anos depois. Quando Emilie Lavoisier morreu em 1748, o viúvo Jean-Antoine mudou-se, com os filhos de cinco e três anos, para a residência dos Punctis. Ali, quem cuidou das crianças foi a tia solteira, Constance Punctis, até a morte de Marie Lavoisier, aos quinze anos. Antoine Lavoisier, que morreria sem filhos, seria o último de sua linhagem.

Uma infância marcada por essas perdas fez de Lavoisier um jovem calado e sério, que preferia estudar a brincar. Aos onze anos, matriculou-se no Collège des Quatre Nations, onde seu pai havia estudado. Informalmente conhecido pelo nome do fundador, o cardeal Mazarin, o Collège Mazarin ocupava um magnífico prédio cupulado, em frente ao Louvre, na outra margem do Sena. Atualmente, como o Institut de France, a estrutura abriga os documentos de Lavoisier, com outros arquivos da Academia de Ciências. O plano da família era que Lavoisier seguisse a carreira do pai em direito. No Collège Mazarin, ele tentou a literatura, escrevendo um drama no estilo de *La nouvelle Héloise*, de Rousseau. Em 1760, ano da morte da irmã, Lavoisier tirou o segundo lugar num concurso com um ensaio (infelizmente perdido) sobre a seguinte questão: "Se a retidão de coração é tão necessária como a precisão da inteligência na busca da verdade".[3]

O primeiro contato de Lavoisier com a química deveu-se ao seu professor, Louis C. de La Planche, mas uma influência mais importante durante aqueles anos foi a do abade Nicolas-Louis de Lacaille, um astrônomo e matemático cujo observatório se localizava nos terrenos do Collège Mazarin. Lacaille dera o passo radical de publicar seu próprio livro didático de álgebra e geometria em francês, considerando-o superior ao latim costumeiro.[4] Com a ajuda de Diderot e dos demais enciclopedistas, o francês do século XVIII vinha se cristalizando na mais lúcida das línguas européias, o veículo ideal para obras da razão pura. Lavoisier, que junto com a astronomia aprendeu cálculo infinitesimal e elementos da física newtoniana com Lacaille, não esqueceu a lição. Seu gosto pela ordem racional em todas as coisas remonta a essa época. Mais tarde, ele escreveria: "Acostumei-me ao rigor de raciocínio que os matemáticos aplicam em seus trabalhos" — e especialmente os procedimentos rigorosos, passo a passo, da prova geométrica.

Lavoisier deixou o Collège Mazarin em 1761 e se matriculou na Faculdade de Direito de Paris, cedendo ao argumento do pai de que as ciências eram uma atividade de lazer admirável, mas não constituíam uma profissão. Ele foi zeloso no estudo de direito, porém mais entusiasmado pela educação científica que procurou na mesma época. Durante seus anos de faculdade de direito, estudou mineralogia com Jean-Étienne Guettard, um geólogo da Academia de Ciências que, embora se declarasse misantropo, freqüentava regularmente a casa dos Punctis. No Jardin du Roi, estudou botânica com outro acadêmico conhecido, Bernard de Jussieu, e assistiu a cursos de química de Guillaume-François Rouelle. Se Lavoisier tinha algum gosto pela vida mundana de Paris durante aqueles anos, seu duplo programa de estudos não deixou tempo vago para ela. Ele era reservado, quase um recluso, com fama de se fingir de doente de tempos em tempos para evitar obrigações sociais. Um amigo do pai, M. de Troncq, enviou-lhe uma tigela de mingau com uma advertência irônica: "Modere estudos, e acredite que um ano a mais na terra vale mais que cem na memória dos homens".[5]

Em 1764, Lavoisier diplomou-se e foi admitido no Parlement de Paris. Entretanto, jamais exerceria o direito. Na idade prematura de 21 anos, ele já começara a tramar seu ingresso na Academia de Ciências. A academia havia sido oficialmente criada um século antes pelo principal ministro de Luís XIV, Jean-Baptiste Colbert (também responsável pela consolidação da Fazenda Geral como organização única), a fim de criar uma estrutura formal para a comunidade de cientistas franceses, que até então evoluíra organicamente. Contando com apoio real, a missão da academia era praticar a ciência pura e aplicada — buscar o prestígio da descoberta, junto com os ganhos materiais da prática científica. Internamente, funcionava como uma meritocracia, recompensando e promovendo aqueles cujas contribuições à ciência fossem mais fortes. Externamente, tinha a autoridade e a responsabilidade para validar ou desmerecer descobertas e teorias científicas novas que fossem oferecidas ao público. Em meados do século XVIII, era o árbitro supremo do progresso científico. Como as academias literárias e culturais fundadas mais ou menos na mesma época, a Academia de Ciências desfrutava da proteção real e de certo apoio do Tesouro Real, mas se mantendo autônoma o bastante para não ser afetada pela política nacional — uma vantagem importante, análoga ao que entendemos atualmente por "liberdade acadêmica". Num elogio a Colbert redigido em 1771, Lavoisier descreveu as academias como "pequenas repúblicas", observando que "seu poder ativo também supera qualquer oposição resultante da ignorância, superstição e barbarismo".[6]

Em 1764, Lavoisier começou a trabalhar em um projeto de iluminação das ruas de Paris para uma competição patrocinada pela academia. Sempre disposto a bancar a cobaia científica, ele se isolou num quarto escuro por seis semanas para realizar seu estudo. Considerado mais teórico do que prático, seu ensaio mesmo assim foi aceito para publicação pela academia, e uma medalha de ouro foi cunhada para homenagear sua realização. Em 1765, no papel de "cientista visitante", Lavoisier apresentou à academia um estudo intitulado "A análise da gipsita" (o ingrediente essencial do gesso em Paris). Os examinadores da academia elogiaram seu trabalho pela "explicação engenhosa pela qual ele reduz o fenômeno do endurecimento do gesso às leis simples da cristalização".[7]

Por mais apolítica que a academia procurasse ser, a eleição (como indica a palavra) não era isenta de dimensão política. O aprendizado de Lavoisier com acadêmicos como Guettard e Jussieu proporcionou uma sólida base. Outros que o apoiaram eram amigos de seu pai. A academia tinha um número fixo de membros, e vagas nos níveis inferiores costumavam ser criadas pela promoção aos escalões superiores. Apesar do reconhecimento de seu potencial e de um lobby considerável, Lavoisier não foi nomeado para a vaga aberta na seção de química em 1766, pela qual concorreu contra cientistas bem mais velhos, com carreiras mais consolidadas.

Após esse revés, retomou um projeto de criar um atlas mineralógico da França, que ele e Guettard já haviam iniciado, e passou a maior parte dos dois anos seguintes em trabalhos de campo fora de Paris. Nesse ínterim, seu pai, que ao que tudo indica aceitou a determinação de Lavoisier de fazer das ciências o centro de sua vida profissional, continuou maquinando junto aos acadêmicos o ingresso do filho na academia. Na primavera de 1768, Lavoisier retornou a Paris com novos artigos, um sobre "técnicas para determinar os pesos específicos dos líquidos" e o outro sobre "o caráter das águas" em regiões visitadas na pesquisa mineralógica. O par de artigos oferecia um belo equilíbrio entre a ciência pura e a aplicação prática à questão do suprimento nacional de água.

Em maio de 1768, Lavoisier e Gabriel Jars foram indicados para uma vaga aberta em março daquele ano. Devido ao número maior de anos de serviço, Jars foi nomeado para a vaga, mas Lavoisier tornou-se membro da seção de química como "assessor extranumerário", com a promessa de que seria confirmado na próxima vaga que surgisse. Na verdade, Lavoisier recebera um número de votos ligeiramente superior a Jars. A solução foi arbitrada pelo rei. Aos acadêmicos que pudessem fazer ressalvas ao envolvimento de Lavoisier na socialmente dúbia Fazenda Geral, um certo monsieur Fontaine replicou: "Tudo bem! Os jantares que ele nos servirá serão ainda melhores!".[8]

O estipêndio anual médio de um membro da Academia de Ciências era de 2 mil libras, uma quantia nada desprezível, mas bem aquém do necessário para sustentar um modo de vida de classe média em Paris — e, como membro novo, Lavoisier nem tinha esperança de ganhar de início todo aquele montante da academia. Com dinheiro legado pela mãe, ele comprou suas primeiras participações na Fazenda Geral algumas semanas depois da eleição para a Academia de Ciências. Com essa medida, livrou-se da necessidade de se sustentar exercendo o direito. Ao menos em teoria, Lavoisier poderia viver de renda (com conforto total), enquanto dedicava suas horas de trabalho à ciência. Na verdade, seu envolvimento com a Fazenda Geral atraiu uma quantidade considerável de trabalhos no serviço público, muitas vezes conflitando com seus interesses e pesquisas científicas.

Ele começou como inspetor regional da Comissão do Tabaco da Fazenda Geral, combinando suas inspeções com viagens exploratórias para o atlas mineralógico em 1769 e 1770. A missão de Lavoisier foi combater um comércio vigoroso de tabaco contrabandeado, misturado pelos varejistas ao tabaco devidamente tributado pela fazenda. Ele relatou seus resultados a Jacques Paulze, um sócio veterano da fazenda, que também era, como o pai de Lavoisier, advogado do Parlement de Paris.

Em 1770, logo após a morte da esposa, Paulze trouxe a filha de volta do convento de Montbrison, onde havia sido educada, para sua residência parisiense. Marie-Anne Pierrette Paulze, com treze anos de idade, deveria servir ao pai como anfitriã. Antoine Lavoisier, então com 27 anos, viu-se subitamente em sua companhia. Marie-Anne era filha única, assim como Lavoisier, e, também como ele, havia perdido a mãe bem jovem. Apesar da pouca idade, ela desempenhava o papel doméstico com confiança e encanto, e era atraente, "olhos bem azuis, cabelos castanhos, tez jovem e boca pequena".[9]

Os casamentos burgueses do século XVIII eram, em primeiro lugar, acordos de negócios, e só depois romances — se é que chegavam a tal. Marie-Anne Paulze, herdeira de uma fortuna considerável, entre outras vantagens, tornou-se alvo de um assédio agressivo. O pretendente foi o conde de Amerval, um nobre de cinqüenta anos empobrecido e famoso pela devassidão. A própria Marie-Anne descreveu-o como "um tolo, um rústico insensível e um ogro".[10] Em carta ao tio da esposa, o abade de Terray, Jacques Paulze referiu-se à reação de Marie como "uma aversão decidida" e afirmou, com convicção, que não a forçaria a um casamento indesejado. Atraído pelo título de Amerval e sob a influência da irmã dele, a baronesa de La Garde, Terray continuou pressionando pelo casamento. Como controlador-geral de finanças, Terray tinha o poder de expulsar Paulze da diretoria do departamento de tabaco da Fazenda Geral, e ameaçou fazê-lo. Com a ajuda de outros aliados, Paulze protegeu seu emprego, mas percebeu que a filha permaneceria vulnerável enquanto continuasse solteira.

Na idade, temperamento e posição financeira, Antoine Lavoisier era um partido bem mais atraente para Marie-Anne do que Amerval, e nem um pouco desagradável para a moça. Os dois casaram-se em 16 de dezembro de 1771 — a noiva aos catorze anos, o noivo com exatamente o dobro da idade dela. Generoso em sua decepção, Terray compareceu à cerimônia como testemunha da noiva, que não passara nem um ano em casa entre a saída do convento e o casamento.

Madame Marie-Anne Lavoisier acabou se tornando uma pessoa de grande talento e realizações. Ela parece ter compartilhado, até certo ponto, a tendência reservada de Lavoisier e sua preferência pelo trabalho produtivo. Embora iniciasse um caso amoroso duradouro com um dos colegas do marido, Pierre-Samuel Dupont, em 1781 (após treze anos de casamento), manteve tamanha discrição que ninguém parece ter desconfiado até a morte de Lavoisier. E sua dedicação à carreira dele foi total. Sem filhos, ela serviu ao marido como uma auxiliar de laboratório supereficiente, ou mesmo como uma administradora. Lavoisier ministrou-lhe as primeiras aulas de química, e mais tarde ela estudou a matéria com Jean-Baptiste Bucquet. Tomava notas meticulosas sobre os experimentos e ajudou a redigir numerosos textos de Lavoisier. Seu conhecimento de latim e inglês permitiu que traduzisse artigos e, quando necessário, livros inteiros. Muitas ilustrações do equipamento e dos materiais de Lavoisier vieram de sua mão; seus esboços belamente compostos dos experimentos sobre respiração fazem dela um membro ativo da equipe.

O grande talento de Marie-Anne para o desenho fez com que se tornasse aluna do ícone da pintura neoclássica francesa, Jacques-Louis David. Afora as ilustrações científicas, pouco dos trabalhos de Marie sobreviveu, além do retrato de Benjamin Franklin com que ela o presenteou em 1788. Embora pareça não ter se importado muito com a sociedade, durante os 23 anos de seu casamento ela fez

Desenho feito por madame Lavoisier de um dos experimentos de Lavoisier sobre respiração, envolvendo um voluntário que realiza uma atividade. Madame Lavoisier está à direita, tomando notas.

da residência do casal um dos salões científicos mais importantes de Paris. Seu papel na vida de Lavoisier foi celebrado em um poema de Jean-François Ducis:

> *Épouse et cousine à la fois,*
> *Sûre d'aimer et de plaire,*
> *Pour Lavoisier, soumis à vos lois,*
> *Vous remplissez les deux emplois,*
> *Et de muse et de secrétaire.*
>
> [Esposa e prima ao mesmo tempo,
> Fazes questão de amar e agradar,
> Para Lavoisier, submetido às tuas leis,
> Desempenhas as duas funções,
> De secretária e musa.]

Desde o início, Lavoisier demonstrou um grande interesse nas aplicações da ciência em benefício público. Seu estudo da iluminação das ruas de Paris foi seguido, em 1768, por uma análise, a pedido da Academia de Ciências, de uma proposta de Antoine de Parcieux de um aqueduto para trazer água do rio Yvette até Paris — livrando os cidadãos da dependência das águas poluídas do Sena. Devido à falta de verbas e à morte de Parcieux, o aqueduto nunca foi construído, mas a análise da qualidade da água proporcionou a Lavoisier seu primeiro exame concentrado da composição da água e estimulou seu interesse por questões de saneamento. Com o fracasso do projeto do aqueduto, ele começou a investigar métodos de purificação das águas do Sena. Lavoisier entendia que o ar puro era tão importante para a saúde como a água limpa, e a ventilação foi essencial ao seu estudo da reconstrução do hospital Hôtel-Dieu, destruído num incêndio em 1772, e a um estudo da reforma higiênica das prisões de Paris que ele dirigiu em 1780.

Assim como Lavoisier foi o inimigo da desordem e da sujeira em questões de saúde pública, também o foi do caos e da desorganização em questões de administração. Seu temperamento fazia com que descobrisse princípios de ordem onde quer que existissem e os impusesse onde não existiam. Como inspetor do tabaco para a Fazenda Geral, Lavoisier desenvolveu um teste químico para identificar adulteração: as cinzas misturadas com o tabaco causariam uma reação efervescente quando em contato com uma solução ácida, como o vitríolo. Ele abominava a contaminação do tabaco com cinzas não apenas porque eram uma forma de evasão fiscal, como também pelo perigo à saúde pública, e ao mesmo tempo se mostrava sensível à gravidade da punição. A adulteração detectada no ponto-de-venda poderia ter ocorrido em qualquer parte ao longo da linha de fornecimento. Para isolá-la, Lavoisier impôs um sistema meticuloso de pesagem e contabilidade em cada estágio do trajeto do tabaco até o mercado varejista. Esse método para descobrir exatamente quando e como uma mudança ocorreu assemelhava-se, em seu princípio, ao método que ele estava aprendendo a usar em química.

O trabalho na Fazenda Geral despertou em Lavoisier um interesse por contabilidade, interesse que se estendeu à economia abstrata. Profundamente envolvido no sistema fiscal vigente, ele não deixava de perceber suas falhas e como estas retardavam o crescimento da economia francesa. No elogio ao ministro das Finanças Colbert que começou a fazer em 1771 para outra competição da academia, Lavoisier parece admirá-lo mais pela capacidade de extrair ordem da anarquia: "Em meio ao caos que o cercava, e sustentado por sua própria coragem e pela verdade profunda de suas percepções, ele uniu a lei ao bem".[11] Essa união podia servir de definição do idealismo racional e provavelmente definia a própria visão de Lavoisier de sua missão como um reformador social em diversas áreas, inclusive economia e finanças. O idealismo racional implica sua própria moral, e a soma das ações de Lavoisier parece provar que, de fato, "*la droiture du coeur*" (retidão de coração) era tão importante quanto "*la justesse de l'esprit*" (precisão da inteligência) na busca da verdade.

Em sua análise de Colbert, Lavoisier começou a entender o dinheiro como "um líquido cujos movimentos necessariamente resultam em equilíbrio",[12] tomando essa analogia da física. O equilíbrio exato de quantidades medidas com precisão, através do qual Lavoisier aprendeu a iluminar os negócios da Fazenda Geral, e que mais tarde foi empregado nos negócios financeiros maiores do Estado francês, aplicava-se igualmente bem ao seu trabalho em química. Nas palavras do biógrafo Charles Gillispie: "às finanças, munições e ciência, ele trouxe a lucidez do rigor mental que era sua marca, o espírito contábil elevado à genialidade".[13]

Em 1774, Anne-Robert-Jacques Turgot substituiu o abade de Terray como controlador-geral das finanças. Lavoisier foi incumbido pela Companhia dos Fazendários-Gerais de preparar o relatório sobre a fazenda que Turgot solicitara. Influenciado pela escola econômica francesa dos fisiocratas, Turgot encarava a economia como uma ciência exata, com leis tão definidas e duradouras como as recentemente evidenciadas pela física newtoniana. A política econômica poderia assim ser entendida como uma aplicação científica. Esses pontos de vista eram totalmente compatíveis com os de Lavoisier, cuja ambição puramente científica era trazer para a química as definições claras atingidas pela física fazia pouco tempo. Ele cooperou entusiasmado com as iniciativas de Turgot, embora muitos outros fazendários-gerais se sentissem ameaçados por elas. Na verdade, o ritmo frenético das reformas ameaçava tantos interesses estabelecidos que Turgot foi despedido em 1776, após apenas vinte meses como controlador-geral.

O banqueiro suíço Jacques Necker, cujo ensaio sobre Colbert vencera a competição da academia, da qual Lavoisier se retirara, sucedeu Turgot. A reputação de Necker de financista implacável se justificava, mas ele parecia o homem certo no momento em que "se esperasse de um controlador-geral principalmente que encontrasse dinheiro, e nada mais".[14] E após o mandato emocionante e breve de Turgot, os conservadores devem ter se tranqüilizado com a declaração de Necker de que as reformas seriam realizadas "sem fervor demais".[15]

Uma das últimas medidas de Turgot como controlador-geral foi a criação da *Caisse d'Escompte*, ou Banco de Descontos — uma instituição privada, mas com a importante função de emprestar dinheiro ao Tesouro Real. Em 1788, Lavoisier tornou-se diretor do Banco de Descontos. Em 1789, com o desenrolar da primeira fase da Revolução Francesa, as finanças nacionais estavam em crise, e os acionistas privados do Banco de Descontos não quiseram mais emprestar dinheiro a um governo cuja dívida ao banco já era grande. Jacques Necker reagiu com uma proposta de nacionalizar o banco. Lavoisier, então presidente do conselho diretor da instituição, apoiou o plano, que foi rejeitado pela Assembléia Nacional. Na verdade, a tenacidade do Banco de Descontos em proteger os interesses de seus investidores privados fez com que passasse a ser vigorosamente atacado pela assembléia, cada vez mais radical, com uma facção liderada por Mirabeau exigindo sua liqüidação.

Àquela altura, a situação do Banco de Descontos era tão instável que já não conseguia resgatar suas próprias notas bancárias por dinheiro vivo, mas Lavoisier e seus colegas diretores argumentavam que o banco havia sido forçado àquela situação pela incapacidade do governo de reembolsar os empréstimos, e que, sem o apoio do banco, o Tesouro Real teria entrado em colapso e, com ele, toda a economia francesa. Vivia-se um período de escassez de alimentos, a França à beira da fome, requerendo a importação de trigo para produzir pão — época da infeliz observação de Maria Antonieta de que, se os pobres não têm pão, "que comam brioches". Os verdadeiros comedores de brioches estavam começando a desconfiar dos riscos que os aguardavam. O desespero do Estado francês por dinheiro logo se tornaria uma ameaça terrível à riqueza privada e às pessoas que a detinham.

A idéia de nacionalizar o Banco de Descontos acabou substituída por uma proposta de Mirabeau: que o Estado começasse a emitir seu próprio papel-moeda. Essas cédulas, chamadas *assignats*, seriam supostamente garantidas por terras confiscadas da Igreja na primeira onda da Revolução, no verão de 1789. Se bem que desaprovasse o plano de Mirabeau, Lavoisier participou de um comitê para supervisionar os *assignats*, dedicando quase toda sua atenção à prevenção das falsificações, com que o Banco de Descontos também havia sido assolado.

Embora a Fazenda Geral ainda não tivesse sido formalmente abolida, já não coletava mais impostos, e o restante do sistema tributário também estava desorganizado. Autorizar um governo empobrecido a emitir seu próprio dinheiro teve o resultado esperado. O reembolso de suas dívidas em *assignats* solapou ainda mais o papel-moeda emitido pelo Banco de Descontos. À medida que *assignats* e notas bancárias perdiam valor e o preço do pão subia às alturas, a opinião pública voltou-se ainda mais contra os conservadores fiscais, entre eles Lavoisier, que haviam tentado deter a espiral inflacionária desde o princípio. A Assembléia Nacional resolveu retirar as finanças públicas das mãos do "grande corpo de financistas venais".[16]

Em setembro de 1790, à medida que a atmosfera se tornava sombria, Jacques Necker deixou subitamente a França. Como realçara a diatribe de Marat, a relação colaborativa entre Necker e Lavoisier agora se tornou uma associação perigosa para o homem que permaneceu no país. Embora a condução das finanças por Lavoisier tivesse sido impecável, o fato de ocupar simultaneamente cargos no Banco de Descontos e no Tesouro Real, para o qual havia sido designado em abril de 1790, de repente pareceu suspeito. Lavoisier decidiu abrir mão do salário do Tesouro, e em 9 de abril de 1791 tomou a medida questionável de anunciar sua decisão em carta aberta ao *Le Moniteur*. "Os emolumentos de que desfruto como administrador da Pólvora", escreveu, "precisamente por serem moderados, são compatíveis com meu modo de vida, meus gostos e minhas necessidades, e no momento em que tantos cidadãos honestos estão perdendo sua segurança, eu não poderia por nada no mundo consentir em auferir um duplo salário."[17] Esse programa de retração ao que parece foi sensato, mas o seu anúncio público foi um erro que só serviu para atrair mais atenção hostil para o fato de que, embora o modo de vida de Lavoisier pudesse ser razoavelmente caracterizado como "moderado", o montante de sua riqueza e recursos não podia.

À semelhança de seu envolvimento nas finanças públicas francesas, o interesse de Lavoisier na produção de pólvora originou-se da coincidência de seu trabalho para a Fazenda Geral com o ministério efêmero de Turgot. Na década de 1770, a Fazenda Geral encarregou-o das inspeções não apenas do imposto sobre o tabaco, mas também do imposto sobre o sal. Como os refinadores de salitre gostavam de sonegar impostos sobre a venda do sal, que era um subproduto de seu processo, Lavoisier viu-se envolvido. A prerrogativa real de coletar salitre, embora não fizesse parte da autoridade da Fazenda Geral, por tradição havia sido arrendada a interesses privados sob um sistema igualmente antigo e complicado. O Estado francês tinha o direito de procurar salitre em qualquer parte, e a licença dos coletores de invadir propriedades privadas (até para arrancar salitre das paredes internas das casas particulares) levava a abusos.

Claro que havia um interesse nacional no suprimento e na qualidade da pólvora francesa, a qual, antes que Lavoisier e Turgot se dedicassem ao assunto, havia se tornado notoriamente duvidosa. A França vira-se obrigada a interromper às pressas a Guerra dos Sete Anos, em condições desfavoráveis, porque, devido à escassez de salitre, o suprimento de pólvora se esgotara. Como inspetor do imposto sobre o sal, Lavoisier descobriu as várias ineficiências do método de produção de pólvora então praticado e relatou-as a Turgot, que rescindiu a concessão da Fazenda da Pólvora e autorizou Lavoisier, Henri François d'Ormesson e Pierre-Samuel Dupont a criar a nova Régie des Poudres et Salpêtres (Administração da Pólvora e Salitre).

Lavoisier, que exercia a autoridade executiva da nova Administração da Pólvora, imediatamente suprimiu os direitos de busca e apreensão dos coletores de salitre. Em 1775, com apoio de Turgot, organizou uma competição na Academia de Ciências para estudos sobre a formação natural e a produção artificial de salitre. As viagens mineralógicas com Guettard deram a Lavoisier alguma base sobre a primeira; quanto à última, Lavoisier teve a sorte de uma das poucas culturas de salitre artificial da França se localizar nas cercanias da velha cidade de origem de sua família: Villers-Cotterêts.

Sob a direção de Lavoisier, a pesquisa da pólvora tornou-se um projeto científico militar com forte apoio financeiro do governo. Sua série de programas procurou métodos melhores de extrair salitre natural, técnicas mais eficientes de produção de salitre artificial e uma compreensão mais precisa da química da pólvora de qualidade. Esses programas tiveram tanto sucesso que, em 1776, a França dispunha de excedentes de pólvora para oferecer aos revolucionários americanos. Em 1789, Lavoisier pôde alegar, com certa razão, que "a América do Norte deve sua independência à pólvora francesa".[18]

A fábrica de pólvora mais próxima de Paris situava-se na vizinha Essonne. Ali os novos programas de pesquisa e desenvolvimento foram submetidos a testes. O trabalho tinha lá seus riscos. Em 1788, o químico Claude-Louis Berthollet descobriu que uma pólvora mais poderosa podia ser produzida mediante um muriato volátil de potassa. Lavoisier levou um grupo para visitar a fábrica de pólvora de Essonne num dia em que a nova fórmula vinha sendo testada. Embora tivesse instruído seu grupo a permanecer atrás de uma barreira de segurança, nem todos obedeceram, e, quando a mistura explodiu, um dos químicos e uma visitante foram mortos. O trabalho em Essonne continuou mesmo assim. Éleuthère Irénée Dupont (filho de Pierre-Samuel) recebeu seu treinamento inicial na produção de pólvora ali, e mais tarde veio a fundar a dinastia química Dupont nos Estados Unidos com uma usina de pólvora em Delaware.

Quando Turgot perdeu o cargo em 1776, todas as suas reformas se viram ameaçadas. Lavoisier manobrou, com sucesso, para preservar a Administração da Pólvora como um monopólio do governo. Tamanha era a necessidade nacional de uma fonte confiável de pólvora de qualidade, que esta seria mais bem administrada por uma autoridade centralizada. Lavoisier argumentou em outro ensaio não publicado que, embora "todo privilégio exclusivo é sem dúvida uma violação da ordem natural",[19] naquele caso ele se justificava pela premência da necessidade e sucesso do resultado.

Não foi apenas o bem público que prendeu Lavoisier à Administração da Pólvora, que, logo após sua criação, construiu um prédio novo no terreno do Arsenal de Paris, na margem direita do Sena: o Hôtel des Poudres et Salpêtres. Ali Lavoisier montou para si um laboratório avançadíssimo, que seria o palco de todas as suas pesquisas e experimentos pelo resto de sua vida profissional. Por esse motivo, a Administração da Pólvora tornou-se, dentre seus vários cargos públicos, aquele que mais procurou conservar quando a maré se voltou contra ele em 1791. Mas, em 1776, esse cargo foi mais fácil de defender, e se tornou bem cômodo para Lavoisier e a esposa, que se mudaram para um apartamento particular no Petit Arsenal em abril daquele ano.

Essa situação fazia com que Lavoisier acordasse praticamente todos os dias no seu laboratório. Sua rotina diária era tão metódica quanto sua mente. Levantando às cinco da manhã, ele dedicava as três primeiras horas do dia à ciência pura em seu laboratório. No período das nove da manhã às sete da noite, cuidava dos assuntos da Fazenda Geral, Administração da Pólvora e Academia de Ciências, esta última alojada naquela época em um espaçoso conjunto de salões no Louvre. Outras três horas noturnas eram dedicadas ao trabalho científico no laboratório do Arsenal. Além disso, Lavoisier passava todos os seus sábados lá, com um cortejo crescente de discípulos. Marie-Anne Lavoisier, que, embora nem tivesse alcançado os vinte anos, vinha adquirindo o conjunto amplo de habilidades que a tornaria indispensável aos programas de pesquisa do marido, escreveu sobre os sábados científicos de Lavoisier:

> Aquele era para ele um dia de felicidade; uns poucos amigos esclarecidos, alguns jovens orgulhosos por lhes ser concedida a honra de participar dos experimentos dele, reuniam-se no laboratório no início da manhã; era ali que almoçávamos, ali que conversávamos, ali que criamos a teoria que imortalizou seu autor.[20]

Aqueles foram anos produtivos e felizes para Lavoisier e sua mulher. A timidez da adolescência de Lavoisier parece ter diminuído com o casamento e sua transformação em figura pública proeminente. O casal ia com freqüência à Ópera de Paris e, devido ao interesse de Marie-Anne por pintura (ela começara recentemente as aulas com David), a exposições de arte. As habilidades de madame Lavoisier como secretária, assistente de laboratório, organizadora e relações-públicas não ficavam atrás de seus encantos sociais, e o salão dos Lavoisier no Arsenal recebia os membros mais ilustres da comunidade científica internacional: Joseph Priestley, Joseph Black, Martinus Van

Marum, Horace de Saussure e Benjamin Franklin, a grande celebridade de Paris nos anos após o sucesso da Revolução Americana, especialmente cortejado pelos Lavoisier.

O laboratório do Arsenal permaneceu no centro da vida de Lavoisier mesmo depois que ele transferiu sua residência particular para o boulevard de la Madeleine. Ele também se manteve como um dos responsáveis pelo grande depósito de pólvora ali. Alguns dos prédios do Arsenal se comunicavam com a vizinha fortaleza da Bastilha. A pólvora para a Bastilha ficava armazenada no Petit Arsenal, perto do apartamento de Lavoisier (circunstância que pode tê-lo inspirado a projetar novos paióis, que descarregariam seu conteúdo sem risco pelo telhado em caso de explosão acidental). Nos dias 12 e 13 de julho de 1789, o comandante da Bastilha temeu que os paióis do Arsenal pudessem ser explodidos ou seu conteúdo roubado pela turba revolucionária, e ordenou a transferência da pólvora para a fortaleza. Embora não restasse a Lavoisier e seus colegas diretores outra opção senão obedecer, eles se tornaram suspeitos de ser "inimigos do povo", que haviam tramado para privar o populacho de Paris da pólvora necessária à derrubada da monarquia.

A Bastilha caiu em 14 de julho e, em agosto, a multidão dominava as ruas de Paris. No primeiro dia do mês, os paióis do Arsenal estavam repletos de pólvora inferior sendo transferida para Rouen e Nantes para ser vendida a traficantes de escravos. Lavoisier supervisionava a carga de uma barcaça com caixas de pólvora marcadas com "*poudre de traîte*". A palavra *traîte*, que significa "comércio", havia se tornado o termo comumente empregado para o tráfico de escravos. Esse rótulo inócuo foi interpretado pela multidão excitada e semianalfabeta como "pólvora do traidor".* Circulou o rumor de que a barcaça estava carregada de munições para sufocar a Revolução de Paris. A histeria reinou, e Lavoisier, com outro diretor da Adminis-

* "Traidor", em francês, é *traître*. (N. T.)

tração da Pólvora, Jean-Pierre Le Facheux, se viu refém da multidão. Podemos imaginar a frustração desse homem eminentemente racional ao tentar desfazer o mal-entendido junto aos seus captores.

Durante a crise da pólvora de julho, Lavoisier e seus colegas haviam oferecido um suprimento de pólvora de uma semana à Guarda Nacional, que agora surgia para protegê-los de serem enforcados em postes a caminho do Hôtel de Ville. A multidão acorreu ao salão para um debate público em que Lavoisier enfim conseguiu convencer seu público da inocuidade de suas ações. A ira da multidão voltou-se então contra o marquês de La Salle, o comandante da Guarda Nacional que assinara a ordem de embarque da pólvora, e nesse novo surto de confusão Lavoisier conseguiu escapar ileso.

Escapou por pouco e teve sorte. Execuções sumárias feitas pela multidão haviam se tornado assustadoramente comuns no verão de 1789. Lavoisier e seus amigos foram desencorajados de publicar uma justificativa de sua conduta, e era tamanha a suspeita em torno daqueles eventos totalmente inocentes que a simples menção da Administração da Pólvora na diatribe anti-Lavoisier de Marat já era incriminadora.

Como um astro ascendente da administração da Fazenda Geral, Lavoisier se ocupava não apenas dos impostos sobre o sal e o tabaco, como também das taxas sobre produtos que entravam em Paris. Desde muito tempo, Paris se estendera além dos antigos limites, e à ausência de um sistema claro de pontos de controle se somava uma série desconcertante de práticas de coleta e inspeção envolvendo 1200 funcionários confusos: outro caos para Lavoisier organizar. Já em 1779, Lavoisier propusera a construção de uma nova muralha ao redor de Paris, mas a idéia permaneceu em banho-maria até 1783, quando ele foi nomeado para o comitê administrativo central da Fazenda Geral, que tinha responsabilidade direta pela coleta de impostos nas barreiras de Paris. O comitê central estimava que 20% dos produtos que entravam em Paris escapavam silenciosamente pelos furos da rede fiscal, acarretando um prejuízo de 6 milhões de libras ao ano.

Em 1787, o conceituado arquiteto Claude-Nicolas Ledoux foi encarregado de projetar e construir a barreira fiscal dos fazendários — um projeto complexo e dispendioso constituído de uma muralha de pedra pesada com 1,8 metro de altura, pontilhada de 66 pavilhões paladianos elegantes servindo de barreiras de pedágio — cada uma com uma estrutura diferente. Embora 58 dos portões de Ledoux houvessem sido concluídos, apenas quatro sobrevivem hoje: no Parc Monceau, na Place de la Nation, no terminal sul da bacia de La Villette e sobre as catacumbas da Place Denfert-Rochereau.

A muralha custou caríssimo — 30 milhões de libras, cinco vezes a evasão de receita anual que pretendia impedir — e, apesar da grandiosidade arquitetônica, foi altamente impopular. Louis-Sébastien Mercier exprimiu o sentimento público em uma quadrinha mordaz:

Pour augmenter son numéraire
Et raccourcir notre horizon
La ferme a jugé nécessaire
De nous mettre tous en prison.

[Para aumentar seu dinheiro
e nosso horizonte limitar
a fazenda julgou necessário
todos nós na prisão enfiar.]

Um panfleto anônimo sugeriu que, embora a Fazenda Geral pudesse querer erguer uma estátua a Lavoisier nos baluartes de sua muralha, a Academia de Ciências deveria se envergonhar por estar ligada àquilo. O mesmo panfletário afirmou que o duque de Nivernois, um marechal da França, quando indagado sobre o que achava da muralha nova, respondera: "Sou da opinião de que seu autor deveria ser enforcado". Um jogo de palavras de autoria desconhecida começou a circular pelos salões de Paris: "*Le mur murant Paris rend Paris murmurant*" [A muralha que amuralha Paris torna Paris murmurante].[21]

No verão de 1789, Paris vinha resmungando e reclamando de muitas coisas, entre as quais a barreira fiscal, um alvo óbvio e conveniente. A muralha dos fazendários estava quase pronta em 13 de julho, quando (em meio à primeira crise da pólvora no Arsenal e menos de 24 horas antes do saque da Bastilha) as turbas de Paris começaram a derrubá-la, pondo fogo na maior parte das encantadoras barreiras de pedágio de Ledoux. Dois anos depois, a controvérsia sobre a muralha ajudou a alimentar outro ataque de Marat contra Lavoisier em seu panfleto *Charlatões contemporâneos*:

> Se você perguntar o que ele fez para ser tão exaltado, responderei que obteve para si uma renda de 100 mil libras, que ele contribuiu com o projeto para transformar Paris em uma vasta prisão e que ele mudou o termo ácido para oxigênio, o termo flogístico para nitrogênio, o termo marinho para muriático e o termo nitroso para nítrico e nitrac. Contemplai sua pretensão à imortalidade. Orgulhoso de seus feitos elevados, ele agora repousa sobre seus lauréis.[22]

A animosidade de Marat em relação a Lavoisier remonta a 1779, quando o jornalista incendiário e provocador (como a história finalmente o lembraria) fez um esforço sincero para conquistar o respeito e a celebridade nas ciências que Lavoisier já começara a desfrutar. Em abril de 1779, Marat demonstrou para Benjamin Franklin e os acadêmicos Balthazar Georges Sage, Jean-Baptiste LeRoy e Trudaine de Montigny uma série de experimentos ópticos que visavam tornar visível a "matéria do fogo" ou "fluido ígneo". Ele havia criado uma teoria para explicar os fenômenos exibidos: "que o fogo resultava da ativação de partículas do fluido ígneo contido nos corpos". Os observadores acadêmicos elogiaram a engenhosidade dos experimentos, mas se recusaram a comentar a teoria.

Marat continuou pressionando a academia para que recomendasse suas teorias sobre luz, cor e fogo. Mas, quando Lavoisier foi nomeado para uma nova equipe de observadores da academia, Marat contestou sua presença. Em 1772, Lavoisier havia iniciado um programa de experimentos em combustão bem mais rigoroso, e Marat possivelmente temia que Lavoisier não se impressionasse com suas idéias e demonstrações. De qualquer modo, a demonstração que Lavoisier teria observado foi adiada por falta de sol. Pressionada por Marat a endossar seus experimentos, a Academia de Ciências enfim respondeu, em 10 de maio: "Seria inútil entrar em detalhes para torná-los conhecidos; os comissários não os consideram de uma natureza tal que a academia pudesse lhes dar sua aprovação ou apoio".[23]

Um mês depois, um artigo no *Journal de Paris* descreveu os experimentos e teorias de Marat sobre a "matéria do fogo" como se a academia os tivesse aprovado. Foi Lavoisier quem descobriu a mentira e induziu um repúdio público. Definitivamente rejeitado pela Academia de Ciências, Marat desenvolveu uma forte hostilidade à comunidade científica em geral e a Lavoisier em particular, e aproveitou todas as oportunidades para atacar os dois.

Na verdade, as fantasias de Marat sobre luz, cor e "fluido ígneo" não diferiam muito das demais postulações pseudocientíficas da época. Parte da missão da Academia de Ciências — um projeto por que Lavoisier mostrava um interesse especial — era arbitrar o que era cientificamente legítimo ou não. Nesse meio-tempo, toda a definição de ortodoxia científica vinha sofrendo mudanças que o próprio Lavoisier considerou revolucionárias.

Uma das primeiras atribuições de Lavoisier para a academia foi uma investigação da vara de vedor — uma vara bifurcada, instrumento de uma técnica popular antiga, cujos movimentos na mão do vedor supostamente permitem detectar água subterrânea. Lavoisier desmascarou a técnica de forma razoavelmente diplomática:

> Existe água por quase toda parte, e é raro alguém cavar um poço sem achar alguma. Portanto nada há de incomum nos fatos relatados e aos quais nos vemos tentados a dar grande importância; como essa vara às vezes vira por movimentos involuntários de quem a segura, é possível que certas pessoas de boa-fé tenham sido enganadas e tenham atribuído a uma causa externa um efeito que depende só delas próprias.[24]

Quinze anos depois, em 1784, Lavoisier serviu em um comitê que incluiu, entre outras eminências da ciência, Benjamin Franklin e o dr. Guillotin, que logo se tornaria famoso. O comitê foi encarregado de investigar o "magnetismo animal", um método de cura cujo principal praticante, Anton Mesmer, transformou em moda na França. Mais tarde, "mesmerismo" tornou-se sinônimo de hipnotismo, e vale a pena observar que, em nossa própria época, os efeitos do hipnotismo, embora considerados psicológicos, e não físicos, são aceitos como totalmente autênticos e empregados em terapias não muito diferentes das praticadas por Mesmer no século XVIII. Mas, se Mesmer sabia que vinha praticando hipnotismo, não disse. Ele alegava, e as pessoas acreditavam, que seus efeitos eram produzidos pela manipulação de uma energia invisível, como a eletricidade, sobre a qual Franklin realizara seu trabalho célebre, ou a matéria do fogo, que acabou se revelando tão inexistente quanto o magnetismo animal de Mesmer.

O método de indução de Mesmer, que se disseminara por uma ampla rede de praticantes na época em que a Academia de Ciências se interessou pelo assunto, lembrava uma sessão espírita. Os participantes se sentavam em torno de um tonel baixo cheio de areia úmida, garrafas de água, limalha de ferro, varetas e outros materiais magnéticos. Para serem "magnetizados", eles tocavam nos polegares uns dos outros e também eram ligados entre si e às varetas de ferro por um cabo. Música suave era tocada enquanto o mesmerista fazia passes com as mãos para manipular o fluido magnético que se supunha permear o ambiente. Como grande parte das pessoas tem certa suscetibilidade ao hipnotismo, a maioria dos participantes provavelmente experimentava algum nível de transe hipnótico.

Lavoisier aplicou ao mesmerismo o método meticuloso de verificação dos dados empregado nas outras áreas. Certos efeitos do mesmerismo, como a presença coincidente de água sob a varinha do curandeiro, não podiam ser negados (ataques convulsivos podiam ser perfeitamente produzidos em pacientes mais suscetíveis, sendo exibidos como prova do "magnetismo"). O que precisava ser contestado eram as alegações dos mesmeristas sobre as causas. Pelo processo de eliminação, Lavoisier constatou que os mesmos efeitos podiam ser produzidos com igual confiabilidade sem nenhum ímã, simplesmente por sugestão e toques. "A imaginação na ausência do magnetismo produz todos os efeitos atribuídos ao magnetismo", escreveu Lavoisier; "o magnetismo sem imaginação não produz nenhum efeito."[25]

O comitê declarou que o mesmerismo era uma impostura, e com base nisso o governo lançou uma grande e bem-sucedida campanha para eliminar o que se tornara uma verdadeira mesmeromania francesa. Era difícil dissuadir os adeptos do mesmerismo — a comparação com o hipnotismo sugere que o mesmerismo produzia resultados terapêuticos reais para muitos, embora baseado em explicações espúrias. Os adeptos eram numerosos, alguns poderosos, e seu poder aumentaria ainda mais durante os anos revolucionários. Entre eles estavam Jean-Paul Marat e seu amigo Jacques-Pierre Brissot, que, à semelhança de Marat, tentara em vão ingressar na comunidade científica recém-reestruturada e se voltara para um jornalismo cada vez mais incendiário. Brissot, que viria a desempenhar um papel extremamente influente no governo jacobino antes do Terror, começou a atacar a Academia de Ciências (que, afinal, derivava sua autoridade da monarquia) como uma instituição tirânica: "O império das ciências não deve conhecer nenhum déspota, nenhum aristocrata, nenhum eleitor", escreveu. "Admitir um déspota, ou aristocratas, ou eleitores oficialmente incumbidos de dar a chancela à produção do gênio é violar a natureza das coisas e a liberdade da mente humana."[26]

É provável que Lavoisier tenha abordado o mesmerismo sem preconceitos. Ele se disciplinara a ser resistente às idéias aceitas. A energia invisível da eletricidade havia recentemente sido provada como um fenômeno físico autêntico, e o programa de pesquisa mais crucial do próprio Lavoisier girava em torno da investigação da matéria do fogo. Ele levou a investigação do mesmerismo a sério, e um artigo que escreveu sobre o tema contém uma das afirmações mais claras sobre sua própria concepção de rigor científico:

> A arte de extrair conclusões de experimentos e observações consiste em avaliar probabilidades e estimar se são grandes e numerosas o bastante para constituir provas. Esse tipo de cálculo é mais complicado e mais difícil do que pensamos; exige grande sagacidade e costuma estar além do poder dos homens comuns.
>
> É em seus erros nesse tipo de cálculo que se baseia o sucesso de charlatães, feiticeiros e alquimistas; e, em outras épocas, o de magos, encantadores e em geral todos aqueles que se iludiram ou que procuram explorar a credulidade pública.[27]

Há mais que certa arrogância aristocrática nas entrelinhas, mas talvez nem Lavoisier tenha notado.

CAPÍTULO 2
A PARTIR DA ALQUIMIA

Lavoisier começou a flertar com a química na adolescência, no Collège Mazarin, onde Louis de La Planche ministrava um curso de três anos sobre o assunto. O primeiro ano era dedicado ao "dicionário da ciência"; o segundo, a uma exposição inicial das idéias subjacentes, e o terceiro, à aquisição do "verdadeiro conhecimento". Quando estudante, Lavoisier achou o programa mal organizado. Mais tarde, escreveu:

> Fiquei surpreso ao ver quanta obscuridade cercava as abordagens da ciência. Durante as primeiras etapas, eles começavam supondo, em vez de provar. Apresentavam palavras que não estavam em condições de definir para mim, ou que só conseguiam definir recorrendo a conhecimentos que me eram absolutamente estranhos, e que eu só poderia adquirir estudando toda a química. Assim, ao começarem a me ensinar a ciência, eles supunham que eu já a conhecesse.[1]

Aquele era o tipo de confusão que o Lavoisier maduro adorava destrinçar e reorganizar. Ao mesmo tempo que recebia sua longa mas desconcertante instrução em química, vinha também trabalhando de forma bem mais metódica com o astrônomo e matemático Lacaille, encarregado da matemática e das "ciências exatas" (às quais a química não pertencia) no Collège Mazarin. Sob a orientação de Lacaille, Lavoisier acostumou-se, em suas próprias palavras,

> ao rigor do raciocínio que os matemáticos aplicam em seu trabalho; eles nunca aceitam uma proposição sem que a precedente tenha sido descoberta. Tudo está relacionado, tudo está interligado, da definição do ponto, da linha, até as verdades mais sublimes da geometria transcendente.[2]

E Lacaille enfatizava a expressão clara e a terminologia precisa tanto quanto o raciocínio rigoroso, trocando o latim, que havia sido a língua tradicional dos sábios em qualquer campo, pelo francês de seus contemporâneos — os enciclopedistas, os *lumières*, os sábios do Iluminismo que estavam trazendo sua língua a um ponto de refinamento em que viria a substituir o latim como a língua internacional para todo e qualquer assunto.

Após concluir seus estudos no Collège Mazarin, Lavoisier assistiu a uma série de cursos de química no Jardin du Roi ministrados pelo famoso Guillaume-François Rouelle — cursos assistidos por vários outros cientistas emergentes do Iluminismo francês. A química de Rouelle era atual, o que na década de 1760 significava que se baseava em grande parte nas teorias do protoquímico alemão Georg Ernst Stahl. Rouelle tinha uma atitude relativamente pragmática, prática, em relação à química, que ele definia como "uma arte que nos ensina a separar, por meio de instrumentos, diversos corpos; a combiná-los ao final para se familiarizarem de novo com suas propriedades e se tornarem úteis às diversas artes".[3] Técnicas de análise e síntese estavam incluídas na prática experimental de Rouelle, a qual, com seu talento artístico, ele sabia dramatizar para seu público de estudantes, às vezes com uma explosão imprevista. Embora progressista no sentido de direcionar o estudo da química para a quantificação, Rouelle também conservava alguns aspectos da filosofia alquímica, que procurava combinar com uma teoria emergente de elementos definidos empiricamente. A impossibilidade dessa combinação deve ter produzido certa confusão em seu ensino.

"O célebre professor", Lavoisier escreveu sobre Rouelle, "unia muito método na maneira de apresentar suas idéias a muita obscuridade na maneira de enunciá-las."[4] Esta afirmação, tão contraditória e confusa como aquilo de que pretendia se queixar, sugere que o estudante estava ao mesmo tempo impressionado e insatisfeito com o professor e o curso. A objeção de Lavoisier ficava mais clara à medida que ele prosseguia:

> Consegui adquirir uma idéia clara e precisa do estado a que a química chegou naquela época. Mesmo assim, era verdade que eu passara quatro anos estudando uma ciência que se baseava em poucos fatos, que essa ciência se compunha de idéias absolutamente incoerentes e suposições não provadas, que não tinha um método de instrução, e que não havia sido afetada pela lógica da ciência. Foi àquela altura que percebi que teria de começar todo o estudo da química de novo.[5]

Tratava-se de uma afirmação radical; Lavoisier estava querendo demolir a estrutura vacilante da química e começar a reconstruí-la do zero.

A obscuridade da química, como Lavoisier a encontrou em meados do século XVIII, deveu-se, em grande parte, à sua passagem pela alquimia medieval e renascentista. Tomada como um todo, a alquimia está tão distante do padrão moderno de ciência exata que escritores do século XX como Joseph Campbell, Northrop Frye e, mais notadamente, o psicanalista Carl Jung tenderam a tratá-la não como uma ciência exata, mas como um sistema filosófico/religioso envolto numa alegoria pseudoquímica. Jung até admirava a arquitetura da estrutura alquímica, mas apenas como uma metáfora elaborada para processos na psique humana.

A alquimia estava decerto impregnada de pensamento mágico, e seus objetivos mais elevados, como a transmutação de metais não preciosos em prata ou ouro, a descoberta ou síntese da "pedra filosofal" e a aquisição da imortalidade humana, eram fantasticamente impraticáveis, pelo menos no plano da realidade física. Embora a ciência moderna tenha mostrado a possibilidade da transmutação dos metais, constata-se que o trabalho e a despesa não valem a pena. Um século antes da época de Lavoisier, um alquimista desiludido denunciou o projeto de transmutar metais como "uma fantasia lunática e melancólica".[6]

Acreditando-se detentora de segredos valiosíssimos, a alquimia protegeu-os mediante modos de expressão intencionalmente obscuros. Uma parábola do *De secretissimo philosophorum opere chemico*, de Bernard Trevisan,

> começa com Bernard relaxando, após um debate, com uma caminhada no campo aberto. Ele topa com uma fonte belamente construída e encontra um ancião que informa que a fonte só é usada para o banho do rei e que é vigiada por um guardião que a aquece para ele. Bernard faz ao ancião várias perguntas sobre o rei e suas estranhas práticas de banho e sobre a natureza da fonte. Bernard acaba ficando sonolento e acidentalmente deixa um livro de ouro (o prêmio do debate) cair dentro da fonte, esvazia a fonte para recuperar o livro, e é enviado à prisão por esvaziar a fonte do rei. Após sua libertação, Bernard retorna à fonte, encontrando-a coberta de nuvens.[7]

George Starkey, um alquimista do século XVII, estava bastante iniciado nesses mistérios para conseguir interpretar essa alegoria onírica como sendo uma fórmula química. Na descrição dos historiadores William R. Newman e Lawrence M. Principe,

> Primeiro ele [Starkey] observa que o rei, que identifica facilmente como ouro, vem se banhar, deixando "para trás todos os seus criados (que são os metais)", acompanhado apenas por um guardião. Assim, parece aqui que o fer-

> ro, um dos metais inferiores e, portanto, um dos criados do rei, precisa ser "deixado para trás". [...] Esse guardião é certamente "Luna", ou o meio necessário entre ouro e mercúrio (ou seja, o rei e seu banho), que ele identificou como régulo de antimônio. Agora Starkey observa que Bernard afirma que "este Guardião [...] é a coisa mais simples do mundo, cuja tarefa é apenas, dia após dia, aquecer o banho (tornando tudo líquido); ora, se fosse composto, não se poderia dizer que era simples, que é não-composto". Aqui Starkey interpreta o uso por Bernard da palavra "simples", que no contexto da parábola significa que o guardião é simplório ou ingênuo — "*homo valde simplex, imo simplicissimus hominum*" —, como *composicionalmente* simples, ou seja, não-composto, implicando que o régulo de antimônio "elementar" puro deve ser juntado ao rei/ouro, não o régulo contendo ferro.[...] Ele então observa que Bernard perguntou ao ancião se algum dos criados do rei tomou banho com ele e a "resposta dada é nenhum, e se nenhum, então tampouco ferro".[8]

Uma fantasia bem insensata. Na época de Lavoisier, vários séculos desse tipo de confusão barroca haviam se interposto entre os cientistas do Iluminismo e as proposições sobre química elementar dos gregos antigos. Grande parte do tempo e esforço dos alquimistas era dedicado à codificação e decodificação de informações que se mostrariam cientificamente dúbias se viessem a ser entendidas com clareza. Carl Jung não estava errado em sua alegação de que a alquimia tem um sentido mais amplo e geral se interpretada como uma visão psicológica/filosófica da humanidade no mundo, e não como uma ciência exata, precisamente descritiva e explanatória dos fenômenos materiais. Claro que esta última definição de ciência estava apenas começando a se cristalizar no tempo de Antoine Lavoisier. Durante a longa era da alquimia, e mesmo durante a Antiguidade clássica, a palavra *ciência* significava conhecimento como um todo — conhecimento de religião e filosofia, tanto quanto conhecimento de fatos concretos sobre o mundo material. Quando a física e a metafísica não são distinguidas ou separadas, a visão mística pode ser um meio tão legítimo de adquirir conhecimento como qualquer outro — tão legítimo como o tipo de experimento e análise que se enquadra na definição mais restrita de *ciência* atualmente empregada.

Jung observou, num ensaio sobre Paracelso, que

> o alquimista [...] trabalhava sozinho. [...] Aquela solidão rigorosa, aliada à preocupação com as obscuridades incessantes de seu trabalho, eram suficientes para ativar o inconsciente e, pelo poder da imaginação, trazer à existência coisas que antes pareciam inexistentes.[9]

Conquanto Jung não pretenda ser tão pejorativo, essa afirmação guarda certa semelhança com a análise de Lavoisier do papel da imaginação no mesmerismo. O próprio Paracelso expôs a questão de forma mais direta e positiva: "A magia tem o poder de experimentar e compreender coisas que são inerentemente inacessíveis à razão humana. Pois a magia é uma grande sabedoria secreta, assim como a razão é uma grande loucura pública".[10]

Uma compreensão magicamente intuitiva da ordem e organização do universo é a base da atração da alquimia como modalidade de filosofia religiosa. Por azar, as visões filosóficas e psicológicas mais refinadas da alquimia estavam aquém dos padrões da prova material — mas durante séculos os alquimistas tiveram uma defesa reflexiva:

> Na alquimia, o laboratório não desempenha um papel crucial. A função da prática é, antes de mais nada, ilustrar a verdade da teoria. O sucesso de um procedimento demonstra ao experimentador que ele compreendeu bem os antigos. A qualidade da prática é uma conseqüência direta do nível de compreensão da teoria. Pois, se o experimento falha, a falha não enfraquece a teoria.[11]

Em outras palavras, a teoria alquímica se assemelhava à fé religiosa em seu desafio à lógica (quando necessário) e em sua impermeabilidade aos fatos inconvenientes. Nesse aspecto, a relação entre a teoria alquímica e a prática alquímica constituía uma inversão quase perfeita do método científico moderno. Para que a química moderna pudesse nascer, o mundo alquímico teria de ser virado de ponta-cabeça. No século XVII, aquele mundo já começava a oscilar.

A alquimia do século XVII não era pura magia mística — embora continuasse permeada do pensamento mágico. Figuras de transição como Starkey e Robert Boyle continuaram recorrendo à doutrina alquímica, mas a sujeitaram a testes experimentais genuínos. Boyle, influenciado pelos métodos dedutivos de Francis Bacon, estabeleceu em seu tratado *O químico cético* uma abordagem bem mais empírica da química do que aquilo que se conhecia antes. Em vez de desprezar os resultados experimentais quando incompatíveis com uma teoria preexistente, Boyle e pessoas afins viam os experimentos "fracassados" como um desafio à teoria existente — um convite para novos programas experimentais e, portanto, para a revisão da teoria. Ao mesmo tempo, continuou acreditando que a transmutação dos metais era possível na prática e que a pedra filosofal seria um dia descoberta. Devido às diferenças fundamentais entre a prática de Boyle, Starkey e Jan Baptista van Helmont e a dos alquimistas anteriores e dos químicos modernos, os historiadores Newman e Principe distinguem a ciência intermediária do século XVII como uma "protoquímica".

•

Paralelamente à alquimia, existia uma tradição ligada à mineração e ao refino de metais, codificada em um manual de metalurgia de Georgius Agricola em meados do século XVII. A tradição metalúrgica opunha-se à alquimia em suas atitudes e intenções, aproximando-se mais da ciência moderna. Mineradores e refinadores tinham um interesse prático em criar um corpo de conhecimentos claro e acessível sobre seu ofício. Suas práticas eram firmemente baseadas em resultados. Os procedimentos precisavam funcionar de forma confiável e ser reproduzíveis por qualquer um com treinamento específico. A terminologia tinha de ser coerente e clara. A criptografia dos textos alquímicos era irritante para Agricola, que escreveu que

> todos são difíceis de seguir, porque os autores que abordam essas coisas utilizam nomes estranhos, que não pertencem propriamente aos metais, e porque alguns empregam ora um nome, ora outro, inventados por eles, embora a coisa em si não mude.[12]

A tradição metalúrgica produziu um léxico bem mais confiável de metais e minerais do que a alquimia jamais pretendeu produzir. O próprio Lavoisier valeu-se dela ao realizar suas expedições mineralógicas com Guettard. Enquanto a alquimia se mantinha misteriosa e intencionalmente obscura, as técnicas de mineração e metalurgia eram até certo ponto abertas, já que tinham grande importância econômica nas comunidades onde eram aplicadas. Mas, apesar das atitudes bem diferentes, a alquimia e a metalurgia compartilhavam um interesse em comum nos metais preciosos e empregavam fornalhas, cadinhos e aparelhos de destilação semelhantes. Ambas as tradições estavam empenhadas no refinamento e purificação dos elementos pelo fogo.

A tabela periódica moderna identifica mais de cem elementos. Seu protótipo, a Tabela de Nomenclatura Química, publicada por Lavoisier e seus colegas em 1787, lista 55. A tabela de Lavoisier constituiu uma mudança radical em toda a noção de elemento. Antes de sua reorganização das definições e conceitos, a comunidade científica ocidental continuara trabalhando em revisões da teoria elemental herdada do mundo antigo.

Os elementos antigos eram definidos de acordo com sua acessibilidade aos sentidos — sem nenhuma operação de análise ou decomposição química. O sistema chinês identificava cinco elementos — metal, madeira, fogo, água e terra — derivados da tensão dos opostos descrita no taoísmo. Metal e fogo eram vistos como elementos *yang* — quentes, brilhantes e masculinos —, enquanto madeira e água eram elementos *yin* — frios, escuros e femininos. O elemento terra situava-se em terreno neutro, centrado entre os extremos de *yin* e *yang*. As substâncias compostas eram entendidas de acordo com as proporções dos cinco elementos das quais eram compostas.

A teoria dos cinco elementos chinesa foi a base da alquimia chinesa, que interagiu até certo ponto com a alquimia ocidental e, à semelhança desta, estava interessada na transmutação dos metais e na descoberta dos segredos da imortalidade. A teoria dos cinco elementos também foi, e continua sendo, a base da medicina chinesa, que evoluiu por um caminho bem diferente de sua correspondente ocidental. A medicina chinesa continua produzindo resultados terapêuticos em pacientes no mundo inteiro, embora na maior parte permaneça não afetada pela lógica da ciência ocidental.

Em torno de 450 a.C., o filósofo grego Empédocles propôs quatro elementos: fogo, terra, ar e água. Aristóteles suplementou os elementos com quatro "propriedades", definindo o fogo como quente e seco, a água como fria e úmida, o ar como quente e úmido, e a terra como fria e seca. Como na teoria chinesa dos cinco elementos, as substâncias compostas eram entendidas como misturas dos quatro elementos aristotélicos e dos graus de suas propriedades concomitantes. A natureza conferiu propriedades a combinações dos elementos para produzir os metais extraídos da terra. A alquimia ocidental acreditava que esse processo natural pudesse ser replicado artificialmente, concebendo assim a pedra filosofal como o mecanismo para a imposição de propriedades metálicas à "matéria básica".

Durante o Renascimento, a alquimia ocidental mesclou-se com a tradição do hermetismo e as crenças herméticas nas correspondências semimágicas entre o macrocosmo e o microcosmo, de modo que, por exemplo, a organização macrocósmica do universo podia ser associada à organização microcósmica do corpo humano. De forma semelhante, os metais foram associados a corpos correspondentes do sistema planetário antigo: chumbo a Saturno, cobre a Vênus, ferro a Marte, prata à Lua, ouro ao Sol e assim por diante. Através dessa associação, o vocabulário químico começou a derivar seus termos da astrologia, e a idéia astrológica de influência planetária tornou-se importante para a alquimia.

Tanto a alquimia ocidental como a chinesa estavam interessadas em criar saúde, além de riqueza. A alquimia continha traços da farmacologia nascente até chegar aos protoquímicos do século XVII como Starkey e Boyle, que se beneficiaram dos remédios e de suas fórmulas. A medicina ocidental derivou seus fundamentos do grego Galeno, que propôs quatro humores análogos aos quatro elementos aristotélicos e definiu estados de saúde ou doença de acordo com o equilíbrio dos humores no corpo. Paracelso, que voltou sua alquimia mais para a medicina do que para a metalurgia, rebelou-se contra o sistema grego dos humores e elementos e declarou a existência de três princípios básicos — enxofre, mercúrio e sal — que correspondiam à Santíssima Trindade e aos componentes do ser humano: "espírito vital, alma e corpo". De acordo com Paracelso, toda transformação alquímica era controlada pela interação dessa *tria prima*.

Como médico, Paracelso tinha uma tendência útil ao empirismo (ele foi, por exemplo, o primeiro a identificar as causas da silicose, uma doença dos pulmões dos mineiros), mas no plano teórico permaneceu um metafísico e (segundo sua própria declaração) um mago. Sua rebelião não conseguiu eliminar a ciência aristotélica do pensamento europeu ortodoxo, mas suas idéias exerceram ampla influência ao longo do século XVII. No que representa uma visão prototípica da química orgânica, Paracelso via os processos vitais como uma modalidade de alquimia; Deus, como Criador, é o "supremo alquimista". Paracelso e seus seguidores criticaram as definições aristotélicas (na nomenclatura botânica do século XVI, por exemplo) *devido ao* seu caráter descritivo e empírico, que, na visão de Paracelso, não captava as correspondências universais de que definições autênticas devem depender. "Dentro deste universo vasto e vital, o *verdadeiro* médico tinha de revelar as relações ocultas entre microcosmo e macrocosmo, e interpretar as marcas escondidas por Deus em cada corpo individual."[13]

Antes de descartar Paracelso como um fantasista lunático, é instrutivo compará-lo com um físico verdadeiro, Isaac Newton, que estudou alquimia no decorrer de sua carreira, durante as mesmas décadas em que explicou a gravitação e outros fundamentos da física. As leis da física newtoniana (aos olhos de Newton, pelo menos) foram originalmente concedidas por Deus. Como Paracelso, aliás como a maioria dos alquimistas, Newton se via como um descobridor de propriedades divinas estabelecidas por Deus no mundo natural. Sua física estava, portanto, subordinada à metafísica, e sua visão do universo era tão holística como a dos filósofos, alquimistas e místicos. Lavoisier, embora impressionado por Newton e influenciado pelo rigor lógico da física newtoniana, começaria a desconstruir essa visão holística do universo, concentrando-se em suas partes componentes.

Robert Boyle, um compatriota e colega de Isaac Newton, não teve tanto sucesso em racionalizar a química como Newton em racionalizar a física, embora tivesse interesse em fazê-lo. Em *O químico cético*, ele desafiou as concepções tanto aristotélica como paracelsista dos elementos. Os protoquímicos do século XVII começaram a suspeitar de que os elementos aristotélicos eram misturas, em vez de substâncias puras. Van Helmont, outro protoquímico cujo trabalho Boyle conhecia, argumentou que a água continha mercúrio e enxofre em sua composição — dois elementos da *tria prima* de Paracelso.

Mas Boyle também solapou a *tria prima* pela análise do fogo. Mediante vários experimentos, ele concluiu

> Que o fogo, mesmo quando divide um corpo em substâncias de consistências diversas, não costuma analisá-lo em princípios hipostáticos, mas apenas dispõe as suas partes em texturas novas, produzindo desta forma concretos de uma natureza nova de fato, mas mesmo assim composta.[14]

Boyle convida o leitor a considerar, como uma forma de análise,

> a queima de madeira, que o fogo dissipa em fumaça e cinzas: pois não apenas estas últimas se constituem confessadamente de dois corpos tão diversos como terra e sal; mas a primeira, condensando-se naquela fuligem que adere às nossas chaminés, revela conter sal e óleo, e espírito e terra (e certa porção de fleuma também), que, sendo quase tão voláteis como o fogo que os força a subir (as partes mais voláteis ajudando, talvez, a levar para cima as mais fixas, como tentei várias vezes no *colcotar* dulcificado, sublimado por *sal amoníaco* misturado a ele), são carregados juntos para cima, mas podem depois ser separados por outros graus de fogo, cuja gradação ordeira permite que se revele a disparidade de sua volatilidade.[15]

Resumindo, a decomposição da madeira pelo fogo gera mais substâncias compostas, em vez de substâncias puras e elementares. Boyle também registrou que o ouro puro não se decompunha por mais que fosse aquecido, e que se ele aquecesse "uma mistura de prata coliquada e ouro [...] no fogo apenas, por mais forte que seja, os metais permanecem unidos",[16] conquanto pudessem ser facilmente separados "por *aqua fortis* ou *aqua regis* (de acordo com a predominância da prata ou do ouro)". A destilação de sangue por Boyle gerou "fleuma, espírito, óleo, sal e terra" — cinco substâncias que não eram certamente elementares. O químico cético também destilou enguias, fervendo-as e descobrindo que "elas pareciam não ter sido nada além de fleuma coagulada, estranhamente abundante também nas víboras".

A própria inconsistência dos resultados de Boyle — o produto de seu ceticismo empírico — invalidou as teorias existentes dos elementos, já que a análise pelo fogo não conseguiu decompor substâncias diferentes no mesmo conjunto de elementos primários. Além disso, Boyle começara a discernir que "o fogo pode, às vezes, alterar corpos tanto quanto dividi-los, e através dele podemos obter de um corpo misto o que não preexistia nele"[17] — ou seja, a combustão poderia formar compostos novos, com componentes não presentes na substância queimada.

* * *

O médico e químico alemão Georg Stahl, cuja carreira se estendeu até a virada para o século XVIII, baseou-se numa transformação da teoria dos elementos de Paracelso por um pesquisador alemão anterior, Johann Joachim Becher. Em lugar da *tria prima* de Paracelso, Becher adotou ar, terra e água como os três princípios elementares; por ora, o fogo, o quarto elemento aristotélico, foi removido de cena. Becher supôs também que três tipos diferentes de terra eram necessários para a composição de metais e minerais, e que uma dessas terras, *terra pinguis* ou "terra gordurosa", continha o princípio da combustão. Van Helmont (um seguidor de Paracelso e, em certos aspectos, um guia de Becher) havia antes empregado o grego *phlogistos* para inflamabilidade; Becher empregou o mesmo termo; Stahl adaptou-o para "flogístico".

Os admiradores de Newton esperavam que as questões químicas fossem mecanicamente resolvidas "em termos das interações de matéria e *forças*",[18] assim como a física newtoniana resolvia as questões físicas. Stahl discordou, distinguindo (como fizera Becher, mas com maior refinamento) entre misturas que chamou de "agregados" e "mesclas". Um *agregado* era uma mistura mecânica de substâncias obtida por forças físicas — como grãos de areia misturados num pote. Uma *mescla*, por outro lado, requeria uma reação química para ser produzida, sendo, portanto, um composto químico genuíno. Stahl definiu *química* como "a arte de dissolver corpos mistos naturais por diferentes meios"[19] — ou seja, a análise dos compostos.

O fogo, na química de Stahl, não constituía um elemento, mas um instrumento; não era um ingrediente de nenhuma mescla, mas a ferramenta mecânica cuja ação ajudava a criar a mescla. A *terra pinguis* de Becher — o flogístico de Stahl — era o ingrediente material sobre o qual agia o fogo, na teoria da corrosão, combustão e calcificação de Stahl.

Stahl imaginou o enferrujamento como uma versão em câmara lenta da combustão. Ele teorizou que, quando um metal enferrujava, ou quando qualquer substância combustível queimava, perdia uma porção do flogístico que supostamente continha. Um equivalente a esses processos era a calcinação, em que o aquecimento de certos metais produzia o que a ciência moderna denomina um *óxido* e a química emergente do século XVIII chamava de *cal*. A cal era quimicamente idêntica aos minérios brutos extraídos da terra. De acordo com a teoria de Stahl, o refinamento de metais pela fundição de minérios com carvão (um procedimento prático bem conhecido desde longa data na tradição da mineração e metalurgia) envolvia a transferência de flogístico do carvão para o minério, que adquiria flogístico para se tornar um metal refinado. Na calcinação, quando o aquecimento degradava metais em minérios, os metais supostamente perdiam flogístico para a atmosfera circundante.

O flogístico teórico constituía a "matéria do fogo", a "terra sulfurosa" particular que explicava a combustibilidade. Materiais que queimavam prontamente, como madeira, carvão ou o próprio enxofre, faziam-no por serem ricos em flogístico. A química moderna entende que as chamas morrem em espaços vedados depois de consumido o oxigênio disponível. Stahl explicou esse fenômeno ao inverso: as chamas morriam quando o material queimado havia liberado todo o seu flogístico, saturando o ar circundante até este não suportar mais a combustão. Além disso, Stahl raciocinou que o flogístico liberado no ar pela queima era reabsorvido por plantas e árvores: assim, a madeira adquiria o flogístico, o que a tornava altamente combustível.

A teoria do flogístico estava errada, mas funcionava. Tinha a virtude científica fundamental de abranger uma ampla variedade de observações empíricas com uma única explicação coerente. Por esse motivo, a maioria dos químicos de meados do século XVIII se apegou firmemente a ela, que de fato havia se consolidado como parte dos conhecimentos gerais das pessoas instruídas. Em sua *Crítica da razão pura*, Immanuel Kant considerou a teoria de Stahl como um marco do progresso da ciência:

> Quando Galileu fez com que bolas, cujo peso ele próprio havia previamente medido, rolassem por um plano inclinado; quando Torricelli fez o ar carregar um peso que ele havia calculado antecipadamente como igual ao de um volume definido de água; quando Stahl transformou metais em óxidos, e óxidos de volta em metais, retirando algo e depois o restaurando, uma luz se acendeu sobre todos os estudiosos da natureza.[20]

A química de Stahl representava o que havia de mais moderno no início da década de 1760, quando Lavoisier era estudante. Mas Lavoisier recebeu sua primeira definição de flogístico de Rouelle, que havia modificado um pouco a idéia de Stahl. No sistema de Stahl, o flogístico era um "princípio" que entrava na composição de mesclas, enquanto o próprio fogo era um instrumento que operava externamente na formação das mesclas, sem entrar nelas. O curso de química de Rouelle identificava o fogo e o flogístico mais plenamente um com o outro: "Reconhecemos quatro elementos: flogístico ou fogo, terra, água e ar". Ao mesmo tempo, alguns dos preceitos de Rouelle eram cem por cento alquímicos. Por exemplo: "A pedra filosofal não passa do resultado da fermentação do ouro com mercúrio especialmente carregado de flogístico. Isso é tudo que tenho a dizer sobre aquelas transmutações abordadas por tantas pessoas ignorantes".[21]

Lavoisier achou as aulas de Rouelle admiráveis mas frustrantes. Ele havia reconhecido a necessidade de "começar o estudo da química tudo de novo" até que, em 1766, adquiriu um dos manuscritos latinos de Stahl: um tratado sobre o enxofre. As numerosas anotações de Lavoisier se concentraram nas seções relacionadas à calcinação e à combustão, em que se baseava a teoria do flogístico. Em seu estudo direto de Stahl, Lavoisier descobriu, pela primeira vez, uma teoria da química sistemática e empiricamente fundamentada. Embora seu próprio trabalho viesse a invalidar a idéia de flogístico de Stahl, Lavoisier entendeu a utilidade do conceito de Stahl: "Pela primeira vez na história da química, uma teoria estava corporificada nos fatos que tentava explicar".[22]

* * *

Em 1793, mais ou menos na época em que Lavoisier, acossado pelo fantasma de Marat, tornou-se suspeito pelas atividades na Fazenda Geral, Antoine-Nicolas de Caritat, o marquês de Condorcet, passou para a clandestinidade em Paris, na casa da amiga madame Vernet. Embora ultimamente colega de Robespierre e membro do Comitê de Salvação Pública, Condorcet havia se tornado alvo do Terror ao protestar publicamente contra a Constituição Jacobina adotada naquele mesmo ano. Passou os nove meses em que permaneceu escondido *chez* madame Vernet redigindo o *Esboço para um quadro histórico do progresso do espírito humano*, uma pesquisa breve mas abrangente do desenvolvimento humano, da época pré-histórica ao próprio presente de Condorcet, que não duraria muito. Completada a obra, Condorcet emergiu do esconderijo, foi prontamente detido, e logo morreu na prisão, talvez por suicídio.

De uma perspectiva não muito distante da de Lavoisier, Condorcet descreve a ampla influência de Newton:

> Devemos a Newton e Leibniz a invenção desses cálculos para os quais o trabalho dos geômetras das gerações anteriores prepararam o caminho. [...] Quando chegarmos a descrever a formação e os princípios da linguagem da álgebra, a única linguagem realmente exata e analítica que existe, a natureza dos métodos técnicos dessa ciência e como se comparam com o funcionamento natural do entendimento humano, mostraremos que, embora por si seja apenas um instrumento pertencente à ciência das quantidades, esse método abrange os princípios de um instrumento universal.[23]

Após uma descrição da explicação matemática de Newton da lei da gravidade, Condorcet acrescenta que

> Newton talvez tenha feito mais do que descobrir essa lei geral da natureza; ele ensinou os homens a admitir em física somente teorias precisas e matemáti-

cas, que explicam não apenas a existência de certos fenômenos, mas também sua quantidade e extensão.[24]

Nessas passagens, Condorcet relembra o projeto iluminista — não muito distante no passado — de aplicar a metodologia newtoniana, não apenas para transformar todos os ramos da antiga filosofia natural em ciências exatas, matematizadas, mas também para reformar todos os outros ramos do conhecimento humano — política, metafísica, a própria história — nas mesmas bases. Esse impulso explicou a criação do sistema métrico (em que Lavoisier vinha trabalhando enquanto Condorcet escrevia), bem como a realização mais dúbia do Calendário Revolucionário Francês, que, na época em que Condorcet escrevia, tentara trazer a história de volta ao zero.

Antes de Lavoisier completar sua obra fundamental, a química era uma ciência baconiana, em vez de newtoniana: uma vasta antologia de fatos (e pseudofatos) não muito bem organizados pela teoria. Mesmo sob o domínio de Lavoisier, a química se mostraria resistente à newtonização e também à matematização completa. Mas Lavoisier logo acalentou a idéia de basear uma abordagem nova para a química nos grandes avanços realizados na física experimental. Na verdade, ele não distinguia completamente as duas disciplinas, e no início se considerou um físico tanto quanto um químico. Em 1766, durante a fase inicial de seu assédio à Academia de Ciências, ele submeteu um argumento a favor de uma ênfase maior da física na academia: "A física experimental escapou dos laboratórios sombrios dos primeiros químicos* e [...] começou a assumir uma forma nova. Firmemente baseada em experimentos e fatos, ela avançou com regularidade".[25] Já naquela época, Lavoisier pretendia expulsar ainda mais as sombras dos laboratórios, estabelecendo a química em bases igualmente firmes.

* Lembramos de Boyle, com seus caldeirões de víboras.

Kant, que, à semelhança de Condorcet, considerava a matemática o "instrumento universal", pensava que toda "ciência genuína" precisa de uma base matemática, e argumentou em seus *Fundamentos metafísicos da ciência natural* que a química não poderia aspirar à condição de ciência genuína *porque* dependia da coleta de fatos empíricos, baconianos, em vez de proceder de axiomas teóricos. Já Lavoisier seguiu seu mestre Lacaille na crença de que a própria matemática derivava da quantificação de observações sobre o mundo natural, de modo que deveria ser entendida como "uma forma bastante formalizada de enunciar conhecimentos empiricamente baseados".[26]

No início da década de 1760 (logo após a morte de seu preceptor Lacaille), Lavoisier assistiu a conferências proferidas por Jean-Antoine Nollet, um físico cuja abordagem cartesiana do tema logo seria erodida por seu colega e rival na Academia de Ciências, George-Louis de Buffon, que adotou a postura newtoniana. Lavoisier obteve de Lacaille e Nollet sua base dos métodos da física experimental, e durante os anos em que ele próprio lutou pela admissão na Academia de Ciências, a controvérsia Nollet-Buffon forneceu sua primeira demonstração plena da política envolvida na aceitação ou rejeição das idéias científicas novas.

No final, Nollet se deu mal. Ao reconhecer que as descobertas de Benjamin Franklin sobre a eletricidade suplantavam as idéias de Nollet sobre o tema, Buffon valeu-se de uma tradução francesa da obra de Franklin para solapar a reputação de Nollet, e logo pôde declarar que Nollet estava "morrendo de desgosto por tudo aquilo".[27] A contenda sobre a questão levou as pesquisas elétricas na França a um impasse, um fato que o progressista Lavoisier não deixaria de perceber. Enquanto isso, Buffon superava Nollet em sua promoção de uma química newtoniana, que tentava explicar as afinidades químicas como uma espécie de versão miniaturizada da lei da gravitação.

Lavoisier costumava suspeitar desse tipo de retirada para a abstração teórica. Seu primeiro esboço de um curso reformulado de química, delineado aos 21 anos, seguiu como modelo o curso de física de Nollet — repleto de demonstrações experimentais. Tanto Nollet como Lacaille eram hábeis projetistas de equipamentos científicos, e o forte interesse de Lavoisier por instrumentos de precisão e pela quantificação fina que estes tornavam possível começou em sua experiência com esses dois mestres — ali estava uma das primeiras características da física experimental que ele resolveu exportar para a química. Sua noção da aplicação da matemática à quantificação dos dados científicos também se originou de Lacaille.

A teoria científica teria de emergir da interpretação de dados precisamente quantificados — como a própria matemática, na visão de Lacaille, derivava da organização de informações empíricas. "A única forma de impedir erros", escreveu Lavoisier em seu prefácio ao *Traité élémentaire de chimie*, "é suprimir a razão, ou pelo menos simplificá-la ao máximo, pois ela advém totalmente de nós e pode nos enganar se confiamos nela."[28] A supressão da razão pode parecer um empreendimento estranho para um luminar da Era da Razão do século XVIII, mas o que Lavoisier pretendia era enfatizar a importância de interrogar a teoria sempre que esta se afastasse dos fatos demonstráveis. Tal, por exemplo, foi o método que ele empregou para derrubar o mesmerismo: mostrando a divergência entre a teoria dos mesmeristas e os fatos que pretendiam explicar.

> A razão deve ser sempre sujeita à prova experimental. Devemos preservar somente aqueles fatos que são dados pela natureza, que não nos podem enganar. A verdade também deve ser buscada na relação natural entre experimentos e observações, da mesma forma como os matemáticos chegam às soluções de um problema por um simples arranjo dos dados básicos. Ao reduzir a razão às operações mais simples possíveis e restringir o julgamento o máximo possível, eles evitam perder de vista os dados que os orientam.[29]

Os fatos empíricos, na metodologia de Lavoisier, sempre seriam básicos. A demonstração experimental, modelada no rigor da prova geométrica, erigiria aqueles fatos em uma sólida estrutura de idéias.

* * *

Lavoisier era um Sherlock Holmes meticuloso em seu exame atento das provas experimentais. A exatidão das medições assumiu uma importância suprema. Por esse motivo, fez questão de refinar a sutileza e a precisão de seus equipamentos de laboratório.

No início do século XVII, o protoquímico belga Van Helmont realizara um experimento que muitos cientistas do século XVIII ainda acreditavam ser uma demonstração da transmutação da água em terra. Van Helmont plantou um salgueiro de 2,3 quilos em 91 quilos de terra, fechou o recipiente de terra, e não acrescentou nada a não ser água de chuva. Ao final de cinco anos, o peso do solo continuava inalterado, mas o salgueiro passara a pesar 77 quilos. O papel da fotossíntese no crescimento das plantas estava longe de ser descoberto no tempo de Van Helmont, nem havia surgido a teoria do flogístico (empregada por Stahl para explicar o crescimento das plantas). Van Helmont raciocinou que a água devia ter se transmutado em terra a fim de gerar o acréscimo de madeira da árvore.

Embora a transmutação dos metais já estivesse desacreditada na época dos experimentos iniciais de Lavoisier, a noção da transmutação de outras substâncias persistiu como um corolário da teoria aristotélica dos elementos, que não havia sido definitivamente substituída. Partindo da teoria de que a água podia ser transmutada em terra, os cientistas sucessores de Van Helmont explicaram a observação de que água destilada sempre deixa um resíduo sólido no recipiente.

Concomitantemente aos estudos do suprimento público de água, no final da década de 1760, Lavoisier interessou-se pela questão da transmutação. Ele suspeitou que o resíduo sólido deixado pela destilação provavelmente provinha do vidro dissolvido do recipiente durante a fervura. Para provar esse fato, ferveu 1,4 quilo de água por cem dias num recipiente de vidro chamado "pelicano" (suas alças curvas e ocas, que funcionavam como tubos de destilação, lembravam as asas da ave). Ao final do experimento, Lavoisier descobriu que havia de fato um resíduo, mas seu peso era quase exatamente igual ao peso perdido pelo pelicano. A soma do peso do pelicano e de seu conteúdo não mudara. A transferência de peso do recipiente para o conteúdo devia-se aos grãos* de sal no resíduo. A hipótese de Lavoisier — de que material dissolvido do recipiente fornecia o resíduo sólido da destilação, em vez de alguma transmutação de um elemento em outro — foi assim demonstrada.

Esse experimento inicial apresentou uma pequena falha: enquanto o peso perdido pelo pelicano foi de 12,5 grãos, o peso dos sais no resíduo era de 15,5 grãos. Lavoisier fez vista grossa para essa discrepância, ou melhor (contrariando um pouco sua retórica metodológica), permitiu que a teoria dominante falasse mais alto.

O postulado teórico envolvido era a conservação da matéria, também conhecida como *conservação da massa*. Lavoisier só a expressou formalmente em 1785:

> Nada é criado, quer nas operações da arte, quer naquelas da natureza, e pode-se considerar um princípio geral que em toda operação existe uma quantidade igual de matéria antes e após a operação; que a qualidade e a quantidade dos constituintes são os mesmos, e que o que acontece são apenas mudanças, modificações. É nesse princípio que se baseia toda a arte de realizar experimentos químicos; em todos eles se deve pressupor uma igualdade verdadeira entre os constituintes das substâncias examinadas e os resultantes de sua análise.[30]

Embora se costume atribuir a Lavoisier a autoria desse princípio, outros o haviam concebido antes dele. Os protoquímicos do século XVII, notadamente Van Helmont, Starkey e Boyle, tiveram uma idéia pioneira da importância de pesar e medir os materiais antes e após um processo experimental, embora seus métodos e dispositivos de medição não fossem tão precisos. Em 1623, Francis Bacon declarou:

* Grão no sentido de uma antiga unidade de peso, correspondente a cerca de cinqüenta miligramas. (N. T.)

> Os homens deveriam com freqüência interrogar a natureza para que forneça uma explicação; ou seja, quando percebem que um corpo antes manifesto aos sentidos escapou e desapareceu, não deveriam admitir o fato ou liquidar a conta antes de descobrir para onde foi o corpo, e em que foi recebido.[31]

E já em 450 a.C., Anaxágoras argumentava:

> Os helenos não têm opinião correta do nascimento e da destruição. Pois nada nasce ou perece, tudo é resultado da mistura ou da divisão de coisas preexistentes. E assim deveriam chamar corretamente o nascimento de mistura e a destruição de divisão.[32]

A afirmação de que "nada nasce ou perece" de Anaxágoras está bem próxima do "nada é criado" de Lavoisier. A idéia da conservação da matéria estava no ar muitos séculos antes de Lavoisier fazer dela o ponto central de seu método experimental. (Ele dependeu fortemente desse princípio durante quinze anos antes de anunciá-lo, talvez apenas porque presumisse que sua validade fosse de domínio público.) Mas Lavoisier, a partir do experimento da destilação da água, empregou o princípio de forma bem mais rigorosa e sistemática que qualquer cientista antes dele.

O trabalho de Lavoisier nas finanças reforçou continuamente seu compromisso com a idéia de equilíbrio. Em todas as fases de sua carreira, ele foi um contador exigente. Uma analogia com a física encorajou-o a ver o dinheiro como "um líquido cujos movimentos necessariamente acabam em um estado de equilíbrio".[33] O equilíbrio regia o prato da balança onde os materiais dos experimentos químicos eram pesados, e aumentar o refinamento e a precisão desse instrumento foi uma preocupação constante de Lavoisier.

No início da década de 1770, as investigações preliminares de Lavoisier haviam avançado por metade da seqüência dos quatro elementos aristotélicos. As pesquisas mineralógicas realizadas com Guettard cobriram amplamente o elemento terra. Seus estudos para a Academia de Ciências do suprimento parisiense de água e das propriedades gerais da água cobriram este elemento com o máximo de minúcia possível naquela época. Agora Lavoisier se voltava para o estudo do ar. Àquela altura, a Inglaterra realizara mais trabalhos em química pneumática — a química dos gases — do que a França. Vários gases diferentes presentes no ar atmosférico haviam sido isolados, embora sem uma terminologia para identificá-los e sem uma compreensão precisa de sua natureza. Os diferentes gases, nebulosamente identificados, ainda eram considerados inertes, e não reativos, nas combinações químicas. George Stahl, cuja química continuava a mais avançada que se conhecia, acreditava que o ar não passava de um meio em torno das reações químicas, e não um ingrediente ativo destas.

A França da década de 1770 viu o ressurgimento de uma prática surgida um século antes na corte de Cosimo III, grão-duque da Toscana: uma moda científica de incinerar diamantes. O experimento toscano submeteu 6 mil florins de diamantes e rubis a 24 horas de calor extremo e constatou que, enquanto os rubis permaneceram incólumes, os diamantes haviam desaparecido sem deixar vestígios. Na década de 1770, os químicos franceses, entre eles Lavoisier, retomaram essa linha ostensivamente extravagante de pesquisa.

O equipamento envolvia um dispositivo enorme, que lembrava vagamente uma catapulta romana e focalizava a luz solar mediante duas lentes enormes, chamadas de "vidros ustórios", para concentrar um calor intenso sobre os cadinhos de jóias. Os cientistas operadores do equipamento se protegiam com óculos escuros do brilho da combustão. Esse instrumento foi rebocado até o Jardin de l'Infante, diante da sede da Academia de Ciências no Louvre, e ao lado de um passeio público popular ao longo do Sena. Surgiram muitos observadores, e as damas se impressionaram (e talvez se apavoraram). Claro que havia um interesse bem mais espetacular na queima de diamantes do que se os cientistas tivessem aplicado aquele raio incendiário a pilhas comuns de carvão.

Logo se descobriu a necessidade da presença de ar para que os diamantes desaparecessem ou fossem consumidos. Diamantes isolados eficazmente da atmosfera eram sempre recuperados intactos. Hoje sabemos que, como os diamantes são uma forma de carbono, um calor suficiente faz seu carbono se combinar com oxigênio e desaparecer, transformado em dióxido de carbono. Lavoisier deve ter suspeitado de que os diamantes estavam se transformando em gases, pois, na primavera de 1773, realizou uma série de experimentos em que tentou capturar gases eventualmente emitidos por diamantes queimados sob uma campânula de vidro. Mas seus recipientes de vidro se estilhaçaram no calor extremo desses experimentos, os gases não puderam ser coletados para ser medidos e a questão da dissolução dos diamantes não pôde ser definida de maneira precisa.

Depois Lavoisier atentou para uma linha de investigação mais promissora na química pneumática, que envolvia a calcinação de metais. A teoria do flogístico de Stahl afirmava que os metais, quando aquecidos para formar óxidos metálicos, liberavam ou perdiam flogístico. Por que, então, os óxidos metálicos resultantes pesavam mais do que as quantidades originais de metais usadas em sua formação? Supunha-se que o flogístico tivesse um peso (embora, como não existisse realmente, ninguém conseguira ainda pesá-lo). Assim, o aumento de peso de uma substância que supostamente perdera flogístico violava o princípio da conservação da matéria — que Lavoisier considerava absolutamente axiomático.

Devido a essa incoerência, as explicações da calcinação em termos do flogístico tornaram-se cada vez mais tortuosas. No entanto, Condorcet estava enunciando a visão predominante ao escrever, em reação ao desafio que Lavoisier começava a formular: "Se existe algo consagrado em química, decerto é a teoria do flogístico".[34] Turgot, paralelamente à carreira de economista e fisiocrata, também era um químico amador bem-sucedido o suficiente para ser convidado por

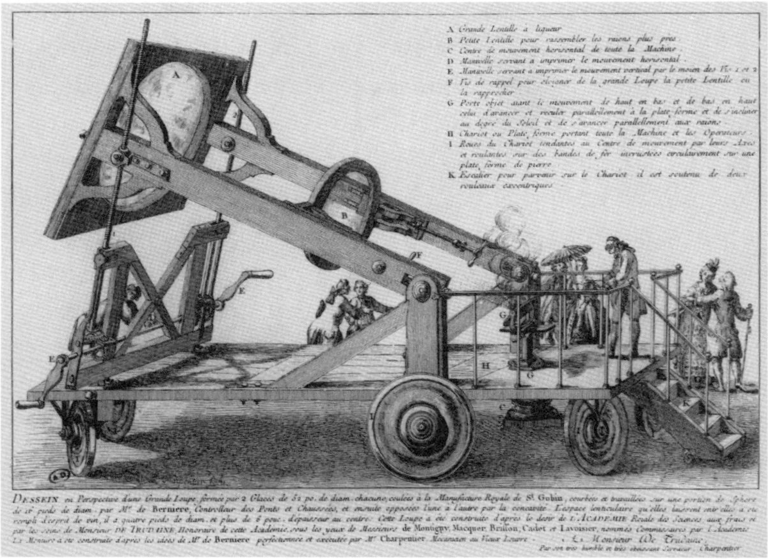

Os "vidros ustórios", capazes de produzir calor intenso.

Diderot a escrever artigos de química para a *Encyclopédie* francesa. "O aumento de peso que ocorre no metal", escreveu em seu verbete sobre o aumento de peso dos óxidos metálicos, "deve-se ao ar que, no processo de combustão, combina-se com terra metálica e substitui o flogístico, que é queimado, e embora não seja absolutamente leve, é bem menos pesado do que o ar, ao que parece por conter menos matéria."[35] Essa passagem é intrincada. O flogístico, agora que precisava ter peso e ser mais leve que o ar, estava a caminho de se tornar um *deus ex machina* das reações químicas — uma espécie de solução mágica.

A mente exigente de Lavoisier concentrava-se rapidamente em pequenas deficiências dessa espécie. Em fevereiro de 1773, ele iniciou um novo caderno de anotações no laboratório com um programa de pesquisa nessa área:

> Antes de começar a longa série de experimentos que me proponho sobre o líquido elástico liberado pelos corpos, seja por fermentação, por destilação, ou enfim por todos os tipos de combinações, bem como sobre o ar absorvido na combustão de um grande número de substâncias, creio que devo anotar aqui algumas reflexões, para formar o plano que devo seguir.
>
> Por mais numerosos que sejam os experimentos dos srs. Hales, Black, Mac Bride, Jacquin, Crantz, Priestley e de Smeth sobre esse tema, continua necessário que sejam numerosos o suficiente para formarem um corpo completo de teoria. [...] A importância do tema me levou de novo a assumir todo esse trabalho, que me parece talhado para provocar uma revolução em física e química. Acredito que devo considerar tudo que se fez antes como meras indicações; proponho-me a repetir tudo com precauções novas, de modo a associar o que sabemos sobre o ar que se fixa ou é liberado pelos corpos a outros conhecimentos adquiridos e formar uma teoria.
>
> Os trabalhos dos diferentes autores que acabei de citar, considerados desse ponto de vista, apresentaram-me seções separadas de uma grande cadeia; eles juntaram alguns elos. Mas uma grande seqüência de experimentos resta por ser realizada, para formar uma continuidade.[36]

Apesar de sua suspeita declarada em relação à teoria, as realizações mais duráveis de Lavoisier seriam como teórico — não como descobridor de fatos antes desconhecidos. Em 1773, ao tomar essas notas, ele já parecia saber disso.

CAPÍTULO 3
LE PRINCIPE OXYGINE

Embora se costume atribuir a Lavoisier a descoberta do oxigênio, ele não foi a primeira pessoa a isolar o gás. Um número surpreendente de outros cientistas o haviam isolado — e bem antes de Lavoisier. Mas ele foi o "primeiro" a identificar o oxigênio como tal — e a definir o oxigênio em termos de uma teoria corporificada em seus fatos.

A estrutura acadêmica da comunidade intelectual européia do século XVIII estimulava uma consciência crescente da responsabilidade individual e o reconhecimento por descobertas novas. As descobertas do mundo alquímico, como possam ter ocorrido, nunca foram anunciadas tão sonora ou lucidamente. A codificação metafórica dos textos alquímicos constituía um meio de proteger o conhecimento. Os protoquímicos do século XVII apresentaram abertamente seus resultados e interpretações. Mas também plagiaram o trabalho uns dos outros com um entusiasmo desenfreado.

Lavoisier era tão sensível à importância crescente da precedência nas descobertas científicas como qualquer de seus colegas, na França ou no exterior — e talvez mais que a maioria. Desse modo, mesmo antes de prever a importância revolucionária de seu programa de pesquisa no registro do seu laboratório, em fevereiro de 1773, tomou medidas preventivas para proteger a precedência de suas descobertas.

A expressão francesa *pli cacheté* poderia ser traduzida (de forma extravagante) como "ruga oculta"; mais precisamente, foi a anotação lacrada que Lavoisier depositou junto ao secretário da Academia de Ciências em 1º de novembro de 1772. Experimentos realizados em outubro daquele ano confirmaram que o fósforo, ao queimar, aumentava de peso, à medida que formava ácido fosfórico, e que a calcinação do enxofre produzia um aumento de peso similar. Tais aumentos de peso haviam sido observados antes, mas costumavam ser explicados distorcendo-se a teoria do flogístico de Stahl. Para Lavoisier, fazia pouco sentido que uma substância ganhasse peso perdendo flogístico (ou qualquer outra coisa). Seria mais provável, ele começou a formular, que o enxofre, o fósforo e outras substâncias estivessem absorvendo algo, em vez de liberá-lo, durante a calcinação e a combustão, e aquele algo devia ser ar ou algum componente do ar.

A anotação lacrada ele intitulou "Sobre a causa do peso ganho por metais e diversas outras substâncias quando calcinados". No interior, escrevinhou (evidentemente com certa pressa, dados os vários trechos riscados e os caprichos de sua grafia e sintaxe):

> Faz cerca de oito dias desde que descobri que o enxofre, ao queimar, longe de perder algum peso ~~ao queimar~~, pelo contrário, o adquire; isso quer dizer que de uma libra de enxofre se pode extrair bem mais que uma libra de ácido vitriólico, sendo a extração realizada na umidade do ar.* O mesmo acontece com o fósforo. O aumento de peso resulta de uma quantidade prodigiosa de ar que se fixa durante a combustão e que se combina com os vapores.

* A combustão do enxofre no oxigênio forma dióxido de enxofre: $S(s) + O_2(g) >> SO_2(g)$.

> Essa descoberta que confirmei por alguns experimentos que considero decisivos me fez pensar ~~o que~~ que o que se observa na combustão do enxofre e do fósforo poderia muito bem ocorrer com respeito a todos os corpos que adquirem peso pela combustão e calcinação, e estou persuadido de que o aumento de peso ~~dos~~ de gizes metálicos tem a mesma causa. O experimento confirmou completamente minhas conjecturas. Fiz a redução de litargírio em recipientes fechados com o aparelho do sr. Hales e observei que, no momento da passagem de óxido metálico para metal, ~~é produzido~~ é liberada uma quantidade considerável de ar que forma pelo menos um volume mil vezes maior que a quantidade de litargírio usada. *Essa descoberta me parece uma das mais interessantes realizadas desde Stahl e, como é difícil não deixar escapar para nossos amigos na conversa algo que poderia colocá-los no caminho da verdade, acreditei que devesse fazer o presente depósito nas mãos do sr. secretário da academia enquanto aguardo o momento de tornar públicos os meus experimentos.*[1]

Lavoisier nem sequer chegara aos trinta anos quando rabiscou essas anotações, na passagem da juventude para o apogeu maduro. Ele ingressara na academia de forma provisória apenas quatro anos antes, e estava ansioso por consolidar sua posição com alguma revelação científica importante, como mostram claramente as últimas linhas da anotação lacrada. Sem dúvida, estava ciente de que outros cientistas, não apenas no continente europeu, mas também na Inglaterra, haviam se interessado bastante pela função do ar na combustão e calcinação.

A ciência moderna descobriu que o ar atmosférico se compõe de cerca de 80% de nitrogênio, cerca de 20% de oxigênio e menos de 1% de diversos outros gases, como argônio, metano, dióxido de carbono, criptônio, amônia, entre outros. A teoria de Lavoisier e os experimentos que a respaldaram abriram a porta para essa análise. Antes do trabalho de Lavoisier, o conceito de ar atmosférico era às vezes mais simples, outras vezes mais complicado, mas nunca tão preciso.

No sistema aristotélico, o ar era um dos quatro elementos e, como tal, entendido como irredutível. Paracelso descartou a teoria dos quatro elementos a favor de sua *tria prima* de mercúrio, enxofre e sal. Van Helmont aperfeiçoou a proposição de Paracelso na que poderia ser denominada uma *teoria de um elemento*, com a água como princípio fundamental e a base de todas as transmutações materiais. Becher, que deu um rumo diferente de Van Helmont às idéias de Paracelso, substituiu a *tria prima* por ar, terra e fogo, mas considerou o ar não como um elemento, e sim como um agente ou instrumento das misturas químicas. Os protoquímicos do século XVII elaboraram essas noções a ponto de, no início do século XVIII, a doutrina geralmente aceita ser menos uma teoria dos elementos do que uma teoria instrumental em que água, ar e fogo eram entendidos como agentes, e não componentes, da mudança física.

Georg Stahl, cujas teorias químicas predominavam na época em que Lavoisier entrou em cena, concebeu o ar atmosférico como quimicamente inerte, incapaz de entrar em combinações químicas. Hermann Boerhaave, embora diferisse de Stahl em vários aspectos, compartilhou de sua concepção do ar no início, mas depois mudou de idéia. Ou melhor, foi induzido por um inglês, o reverendo Stephen Hales, a mudar de idéia.

Hales era botânico e químico; seu *Vegetable staticks* [Estática dos vegetais], o livro que tanto influenciou a mudança de atitude dos químicos do século XVIII em relação ao ar, dedicava-se principalmente à aplicação dos princípios newtonianos à vida das plantas, como o título indica, mas também incluía um capítulo chamado "Análise do ar". A observação de Hales de que as plantas absorviam e, de algum modo, processavam grandes quantidades de ar fez com que estudasse o ar como um componente propriamente dito, e suas impressões foram um tanto contrárias às idéias aceitas em sua época. Enquanto Stahl declarara que o ar atmosférico jamais entrava em compostos químicos, Hales concluiu, a partir dos experimentos em que mediu o ar liberado em processos como fermentação e destilação, que o ar "fixo" era um componente de todos os materiais orgânicos e de alguns inorgânicos.

Na edição oficial de seus *Elementa chemiae* (um volume de 1732 substituindo uma coleção pirateada de sua palestra surgida oito anos antes), Boerhaave abandonou a concepção do ar de Stahl a favor da de Hales, o que significou, na prática, afastar-se da teoria dos quatro instrumentos para retomar a direção da antiga teoria dos quatro elementos. O professor de química de Lavoisier, Rouelle, tentou sua própria síntese das idéias de Boerhaave, Hales e Stahl. Rouelle transmitiu muitos dos conceitos de Stahl e foi responsável por sua popularização na França, mas se afastou de Stahl ao ensinar que terra, água, fogo e ar não eram apenas instrumentos, no sentido de Stahl, sendo também quimicamente ativos. Rouelle argumentou que o ar era um componente fixo na matéria, e demonstrou o fato (como fizera Hales, muitas vezes utilizando equipamentos projetados por Hales) com experimentos que mediram ar liberado de diversas substâncias por destilação, fermentação e combustão. Um corolário potencial dessa teoria da função do ar em compostos químicos foi que o fogo também poderia ser fixo nas substâncias. Stahl viu o flogístico dessa maneira, mas não identificou completamente o flogístico (para ele um reagente) com o fogo, que considerava um instrumento. Já para Rouelle, o flogístico e a "matéria do fogo" representavam a mesma coisa.

O curso de química de Rouelle foi catalítico para Lavoisier, que passou a estudar várias das influências de Rouelle no original, comentando-as com freqüência em seus próprios ensaios. Ao ler os *Elementa chemiae*, observou que Boerhaave "nem sempre era coerente sobre a combinação e fixação do ar: às vezes, parece negar que o ar possa combinar-se em corpos e contribuir para a formação de suas partes sólidas; outras vezes, parece adotar a opinião contrária".[2] Subjacente à incerteza de Boerhaave, devia haver algo a ser averiguado. Aqui, como em tantos desdobramentos da carreira de Lavoisier, a confusão dos outros lhe proporcionou um atraente ponto de partida.

* * *

Já em 1766, quando não havia sequer se tornado membro provisório da Academia de Ciências, Lavoisier escrevera: "O ar não é um elemento separado. É um composto químico".[3] E ainda mais afirmativamente: "É água transformada em vapor, ou, para ser mais preciso, resulta da combinação de água e a matéria do fogo". Dos cursos a que assistira alguns anos antes, Lavoisier lembrava a equação de Rouelle do fogo e flogístico, mas por algum motivo optou por não empregar este último termo.

Existe um limite para a precisão alcançável em uma formulação que envolve uma substância inexistente como a matéria do fogo. Lavoisier, naquele período inicial, tendia a confundir a evaporação da água pelo calor com a composição química do ar atmosférico. Enquanto especulava sobre a natureza dos elementos, estivera lendo artigos de J. T. Eller publicados nas *Memórias* da academia de Berlim. Mais ou menos na tradição de Paracelso e Van Helmont, Eller rejeitou a teoria dos quatro elementos a favor dos "princípios" do fogo e água. À semelhança de Van Helmont, acreditava que a água podia ser transmutada em terra, um ponto que Lavoisier mais tarde se esforçaria por refutar. Mas este achou a idéia de Eller, de que o ar podia ser explicado por uma combinação de água com matéria do fogo, digna de consideração.

Nisso Lavoisier pensava em linhas semelhantes às de seu futuro colega no governo francês, o fisiocrata Turgot, que cunhou o termo *evaporar* e raciocinou (em seu verbete anônimo "Expansibilidade" na *Encyclopédie* de Diderot) que o vapor era produzido por uma combinação com o calor (ou matéria do fogo, ou flogístico). Esse raciocínio era um meio de explicar as mudanças de estado observadas em uma substância como a água: de sólido para líquido e daí para gasoso. Turgot chegou a postular que *todas* as substâncias, pelo menos em teoria, poderiam existir em todos aqueles três estados.

Ainda em 1766, Lavoisier redigiu uma nota dizendo que o ar poderia ser um fluido expandido — um líquido que sofrera uma mudança de estado pela combinação com a matéria do fogo (também conhecida como o "fluido ígneo", a substância inexistente que Marat pretensamente tornaria visível aos examinadores da academia alguns anos depois). Em seu estado de expansão, o ar era elástico. Mas o ar também poderia ser fixado em diferentes substâncias, como sabia Lavoisier graças ao trabalho de Stephen Hales — mencionado nos cursos de química de Rouelle e por Eller nos artigos que Lavoisier estudou em torno de 1766. Uma versão francesa do *Vegetable staticks*, de Hales, traduzida por Buffon, estava disponível desde 1735.

O ar fixo perdia a elasticidade e era comprimido em um espaço bem menor do que o ar no estado "fluido expandido". Hales havia concebido diversos experimentos que capturavam o ar liberado dessa fixação em processos como fermentação, destilação e até a respiração de animais pequenos. O ar fixo medido por Hales nesses experimentos costumava ser dióxido de carbono, embora a química ainda não fosse capaz de analisá-lo. Hales estava capturando as bolhas da cerveja que bebemos.

Refletindo sobre a liberação, nos experimentos de Hales, de ar fixo, Lavoisier lembrou que certas reações efervescentes eram conhecidas por produzir um efeito resfriador. Aquele fenômeno parecia coerente com a teoria de que o calor (ou flogístico, ou matéria do fogo) era absorvido pelos vapores produzidos pela efervescência. Sabia-se também que a temperatura do gelo, ao derreter, não aumenta com a quantidade de calor aplicada ao processo de fusão. Lavoisier interpretou esse fato como um indício de que o calor (ou flogístico, ou matéria do fogo) era fixado no processo de fusão, entrando na composição da água resultante do derretimento do gelo — assim como o ar podia ser fixado em substâncias.

Depois vieram os experimentos espetaculares com a incineração de diamantes. Na primavera de 1772, ao participar deles, Lavoisier já estava totalmente convencido do axioma da conservação da matéria: nada se cria, nada se destrói. Portanto, para onde iam os diamantes?

O fato de os diamantes só desaparecerem em presença do ar era intrigante, e Lavoisier refletiu a respeito durante aquele período, embora ainda não conseguisse encontrar uma explicação. Os resultados experimentais foram insuficientes para descobrir se os diamantes se "volatizavam" — evaporavam — ou se "decrepitavam" em fragmentos pequenos demais para serem discernidos pelo processo experimental usado. Lavoisier projetou uma série de experimentos mais sutis para solucionar a questão, os quais jamais se realizaram. Talvez o suprimento de diamantes disponíveis tivesse se esgotado.

Em 19 de agosto de 1772, Lavoisier fez uma apresentação à Academia de Ciências intitulada "Ensaio sobre o fogo elementar". A versão escrita dessa palestra, redigida em 8 de agosto, recebeu o título mais prosaico (e prolixo) de "Reflexões sobre os experimentos que podem ser tentados com a ajuda do vidro ustório". O objetivo dessas anotações era listar uma série de experimentos a serem realizados com lentes de Tschirnhausen, o aparato usado para incinerar diamantes no Jardin de l'Infante.

Lavoisier iniciou o artigo esboçando a base teórica existente, observando no início que "a teoria de Stahl sobre o flogístico e a redução de metais" prevalecera na Alemanha por um longo tempo antes de ser introduzida na França. Atribuiu a primeira aparição francesa da teoria do flogístico à publicação de 1732 de um "Curso de química seguindo os princípios de Stahl e Newton", depois observou que os pontos essenciais de Stahl eram respaldados por experimentos descritos em 1709 por um francês, sr. Geoffroy *l'ainé* — experimentos também conduzidos com um vidro ustório.

A conclusão de Geoffroy foi que

> todos os metais ou substâncias metálicas são compostos 1º de uma terra vitrificável, específica a cada um deles. 2º de um óleo ou de um princípio inflamável, o mesmo encontrado em plantas, em animais, no carvão, e ele

> observou que essa substância pode se separar dos metais, que se pode retirá-la deles, e pô-la de volta neles à vontade, e fazê-la passar de um metal para outro.[4]

Se a descrição de Geoffroy parecia um tanto obscura, Lavoisier soube como iluminá-la. Assim prossegue sua palestra:

> É fácil ver que esse sistema não difere daquele de Stahl, só que o sr. Geoffroy chama de matéria oleosa ou substância inflamável aquilo que o sr. Stahl denomina flogístico; é preciso confessar que, mesmo hoje, não conhecemos a natureza do chamado flogístico o bastante para poder declarar algo preciso sobre a sua natureza.[5]

Exatamente ali residia o problema, como Lavoisier o havia formulado — ao penetrar nas aparentes diferenças entre as terminologias de Stahl e Geoffroy para apontar a dificuldade que nenhum dos dois havia resolvido. Quanto a Lavoisier, o flogístico seria o objetivo derradeiro do programa de experimentos proposto.

A vantagem das lentes de Tschirnhausen para aquele projeto, explicou Lavoisier, era que o vidro ustório podia concentrar calor intenso em objetos encerrados em um vácuo, enquanto

> o fogo que os químicos estão acostumados a empregar não consegue acender ou subsistir no vácuo. O ar é um agente necessário à sua conservação. O fogo do vidro ustório oferece uma grande vantagem quanto a isso. Ele consegue penetrar no receptáculo da máquina pneumática, podendo-se através dele realizar calcinações e combinações no vácuo.[6]

Segue-se uma lista de experimentos a serem realizados com as lentes de Tschirnhausen em metais, pedras, cristais, incluindo os diamantes, mas não se limitando a eles, e certos fluidos — poucos dos quais, como Lavoisier observou, haviam sido testados. Apesar da ênfase inicial, ele não volta a mencionar o flogístico no artigo. Mas (a uma visão retrospectiva) suas conclusões podem ser interpretadas como um esboço velado e cauteloso de uma teoria concorrente.

A seção conclusiva do "Ensaio sobre o fogo elementar" de Lavoisier nada diz sobre o fogo como um elemento. O título é "SOBRE O AR FIXO, ou melhor, sobre o ar contido nos corpos". Ali Lavoisier observa: "Parece certo que o ar entra na composição da maioria dos minerais, até metais, e em grande abundância. Nenhum químico, porém, inseriu o ar na descrição quer de metais, ou de qualquer corpo mineral".[7] Nas entrelinhas, uma insinuação de que o próprio Lavoisier poderia em breve emergir como este químico. Embora não o diga explicitamente, a tendência da seção conclusiva é discutir o ar como um componente nos minerais e metais, *em vez do* fogo elementar, flogístico, matéria oleosa, ou qualquer nome que lhe seja dado. Mas, em vez de se precipitar nessa conclusão, Lavoisier acabou observando, com certa humildade, que ainda havia muito trabalho a ser feito.

Já em 1762, o químico escocês Joseph Black propôs uma teoria do calor latente que explicava a capacidade do gelo em fusão de absorver calor sem aumentar sua temperatura. A obra de Black, como a de Stahl, demorou a se tornar conhecida na França (se Lavoisier soubesse do trabalho de Black com o ar fixo, não poderia honestamente ter escrito, em agosto de 1772, que nenhum químico havia inserido o ar na descrição de minerais e metais). Alguns dias após a palestra de Lavoisier sobre o fogo elementar, notícias da teoria do calor latente de Black subitamente chegaram à Academia de Ciências francesa, cuja reação foi desencavar de seus arquivos um artigo de Nollet de 1750 sobre um tema semelhante, para poder reivindicar a precedência francesa nessa pesquisa. Tais gestos de chauvinismo científico eram bem comuns. O próprio Lavoisier fizera algo semelhante em sua palestra recente, com palavras que tendiam a deixar pouco claro quem tinha a precedência na teoria do flogístico, se o alemão Stahl ou o francês Geoffroy.

A apresentação do artigo antigo de Nollet, combinada com a notícia da teoria do calor latente de Black, parece ter incitado Lavoisier a garantir sua precedência. Concluída a leitura, ele saiu às pressas do salão, voltando rapidamente com um documento de sua autoria para que fosse rubricado pelo secretário da academia. O que ele continha era uma nova teoria, preliminar e fragmentária, dos elementos.

Na conclusão da palestra de 19 de agosto, e enquanto refletia sobre as intrigantes possibilidades da idéia de que o ar entrava na composição de metais e minerais, Lavoisier refreou o próprio entusiasmo, dizendo que, por enquanto, "Não seguiremos essas visões. Elas constituem o tema de um trabalho já bem avançado e até parcialmente redigido". Depois, como que incapaz de se conter de todo, passou a anunciar: "*Essas visões, se seguidas com profundidade, podem levar a uma teoria interessante que nós já esboçamos —*";[8] mas então parou, abruptamente, para retomar uma descrição da efervescência dos metais sob o calor do vidro ustório.

O manuscrito que ele levou correndo à academia, após a leitura do trabalho de Nollet, para que o secretário assinasse parece o mesmo esboço ou rascunho ao qual se referiu em sua própria palestra de 19 de agosto. O trabalho evidentemente está incompleto e até um pouco confuso. Nunca publicado, foi obviamente escrito sob a pressão frenética do entusiasmo intelectual, e parece também ter intenções mistas: em certas passagens, Lavoisier aparenta estar preparando seu texto para apresentação pública como uma obra definitiva, enquanto em outras está francamente lutando — a pena como instrumento — com aspectos complexos da teoria em andamento, que àquela altura ele ainda não conseguira completar.

Ele deve ter tido consciência dessas dificuldades, já que tentou contorná-las no finalzinho:

> Suplico ao público que me perdoe se entrei em certos detalhes ~~mas o objetivo principal é ser claro quando~~ para mostrar que na minha opinião cada idéia nova exige um tipo de preparação para ser aceita e que para me fazer ouvir sou obrigado a guiar o leitor pelo caminho que eu próprio segui em minhas idéias. [...] Eis minhas idéias sobre os elementos.[9]

O caminho que Lavoisier vinha seguindo através de suas idéias, naquele momento, não era absolutamente tão direto como ele gostaria que fosse. Dezessete anos depois, ao publicar a versão definitiva de seus pontos de vista sobre os elementos, quaisquer desvios da perfeição lógica haviam sido apagados. Dada a estrutura desconexa das frases e freqüentes trechos riscados, pode-se imaginar Lavoisier rascunhando sua pseudoconclusão antes de correr de seu laboratório de volta à academia, onde uma discussão do artigo de Nollet ainda prosseguia. A assinatura do secretário aparece logo abaixo.

Embora não corresponda à descrição "sistema dos elementos", o esboço de Lavoisier representa seu primeiro esforço de organizar em uma teoria abrangente tudo que sabia, ou ousava supor, sobre os elementos. Em sua pressa, não chegou a expor os axiomas de seu raciocínio (ou talvez já tivesse começado a duvidar deles), mas o texto o mostra ainda lutando com o problema de compatibilizar a teoria dos quatro elementos de Aristóteles com a teoria do flogístico de Stahl — um problema herdado mais diretamente de Rouelle. Ele tenta formular uma discussão organizada de como fogo, ar, água e terra entram na composição dos corpos — mas seu progresso é com freqüência detido por fenômenos ainda sem explicação adequada: evaporação, efervescência, as questões envolvidas no calor latente e a capacidade das substâncias de existir em dois ou três estados diferentes, sem mudar sua composição química.

O flogístico, ou matéria do fogo, ainda constituía um pilar da ortodoxia química, e o texto de Lavoisier procurou tratá-lo como tal — às vezes. A "matéria do fogo", sugere, existe em "dois estados diferentes na natureza, 1º conforme combinado com os demais elementos

~~com todos os corpos como observamos igualmente em relação ao ar~~" e "Como um fluido estagnado que penetra nos poros de todos os objetos e que se põe mais ou menos em equilíbrio em cada um deles e cuja maior ou menor intensidade produz os graus diferentes de calor"[10] — uma descrição do notório, mas inexistente, fluido ígneo. Em outros momentos, porém, Lavoisier dá as costas à sua própria aplicação do conceito de flogístico (com mais freqüência ao descrever a efervescência e outras reações que produzem uma liberação expressiva de ar das substâncias): "O que acabamos de dizer em relação ao ar pode igualmente ser dito sobre o flogístico ou matéria do fogo".[11] Afirmações como essas parecem abrir a porta à substituição do flogístico pelo ar na teoria das reações observadas. Em média, porém, Lavoisier continuava se atendo mais ou menos à visão de que o "fogo entra na composição de todos os corpos".[12]

A última breve seção do documento de 1772 sobre o "sistema dos elementos" exibe um cabeçalho novo — "Reflexões sobre o ar" —, bem como uma nova data, agosto de 1772. Dá a impressão de que Lavoisier examinou às pressas seu trabalho antes de levá-lo correndo à academia para obter a assinatura e, de repente, reconheceu que o resultado não era uma conclusão, mas uma pergunta:

> Será que o ar existe nos corpos? Como esse fluido suscetível a uma expansão tão terrível consegue se fixar em um sólido e ali ocupar um espaço seiscentas vezes menor do que ocupava na atmosfera? Como conceber que o mesmo corpo possa existir em dois estados diferentes?
>
> A solução para esse problema aponta para uma teoria singular, que tentarei tornar compreensível, de que o ar que respiramos não é de modo algum uma entidade simples. Trata-se de um fluido particular combinado com a matéria do fogo —[13]

Mas aqui, Lavoisier, com o tempo totalmente esgotado, interrompeu o raciocínio sem de fato concluí-lo, e pôs-se a implorar ao leitor que perdoasse a trilha tortuosa de seu pensamento, e assim por diante. Todavia, ele *havia* chegado (a um ritmo estonteante, por uma estrada sinuosa) a uma dedução radical. Subitamente, o ar deixava de ser um elemento, tornando-se um composto químico.

Na passagem inicial do manuscrito do "sistema dos elementos" de 1772, Lavoisier havia admitido que, no momento, "não temos nenhum experimento novo a oferecer aqui, mas trabalhamos para reunir aqueles que existem, de modo a obter conclusões a partir deles".[14] A certa altura, durante aquele mesmo período — o verão ou outono de 1772 —, Lavoisier fez algumas anotações sem data, mas incisivas, sobre uma obra chamada *Digressions académiques*, do químico Guyton de Morveau (que mais tarde se tornaria um dos aliados mais firmes de Lavoisier na pressão pela aceitação da nova química e da nova terminologia que a acompanhava). Guyton realizara uma série de experimentos bem rigorosos que confirmaram definitivamente que diversos metais ganhavam peso quando calcinados. Realizou também outro conjunto de experimentos que mostraram que a calcinação não era possível em recipientes vedados privados de ar (outro fato de forte interesse para Lavoisier). No entanto, Guyton forneceu uma explicação para o aumento de peso, usando uma variação da versão da teoria do flogístico preferida por seu colega mais velho, recém-falecido, Jean-Pierre Chardenon. O artigo de Guyton, "Dissertação sobre o flogístico considerado como um corpo pesado e em relação às mudanças no peso que produz em corpos aos quais se une", foi publicado em 1772 como o primeiro capítulo de suas *Digressions académiques*. Ali, Guyton explicou o aumento de peso dos óxidos metálicos — que, de acordo com a química de Stahl, haviam perdido flogístico no processo de calcinação — afirmando que o flogístico é mais leve que o ar.

O que impressionou Lavoisier foi que Guyton havia confirmado plenamente a realidade do aumento de peso dos óxidos metálicos com um conjunto de experimentos caracterizados pelo tipo de medições rigorosas e meticulosas que ele próprio preferia. O trabalho de Guyton inspirou Lavoisier a redigir um resumo eficiente, "Sobre a matéria do fogo":

> Todos os metais expostos ao fogo e calcinados muito visivelmente aumentam de peso.
>
> Os autores antigos afirmavam que se combinava fogo com esses corpos durante a calcinação e que era ao acréscimo dessa substância pesada que se devia o aumento de peso.
>
> Stahl sustentou que a calcinação remove a matéria do fogo desses corpos que são calcinados, mas ele e seus seguidores caíram num labirinto de dificuldades na tentativa de explicar como a retirada de parte da substância de um corpo resulta no aumento de seu peso.
>
> Qualquer que seja a explicação, o fato não é menos constante. Todos os metais ganham peso pela calcinação. O sr. de Morvaux demonstra isto completamente em sua digressão acadêmica, páginas 72 a 88.[15]

Aqui, como no esforço apressado de acrescentar algum tipo de conclusão ao seu manuscrito sobre o "sistema de elementos", Lavoisier conseguiu enfocar uma questão crucial. A longo prazo, as duas questões viriam a ter uma mesma resposta.

O aparato de lentes de Tschirnhausen constituía um dispositivo empolgante para o século XVIII. O historiador Arthur Donovan o compara a um acelerador de partículas nas mãos dos pesquisadores do século XX: "Uma máquina capaz de destroçar substâncias antes consideradas imutáveis".[16] As lentes eram uma arma poderosíssima para atacar substâncias consideradas elementos a fim de descobrir se eram ou não irredutíveis. O programa colaborativo de experimentos com o grande vidro ustório que Lavoisier propusera em agosto de 1772 prosseguiu em outubro, mas, por ser ele um membro muito novato da equipe, suas idéias mais interessantes de experimentos receberam pouca prioridade, até que os cientistas mais veteranos tivessem encerrado os seus próprios. Em meados de outubro, Lavoisier conseguiu enfim usar as grandes lentes ustórias para suas próprias finalidades.

Na década de 1680, Robert Boyle publicara especificações exatas para o preparo de fósforo a partir de urina evaporada. Lavoisier preferiu adquirir uma onça do material de outro cientista francês, Pierre François Mitouard, pelo preço notável de 45 libras, ou cerca de 1800 dólares americanos no século XX. Em 20 de outubro de 1772, ele empregou o vidro ustório para inflamar oito grãos do fósforo sob um balão de vidro. Após a combustão, uma quantidade de ácido fosfórico se condensou — com um peso bem superior ao do fósforo queimado. Lavoisier atribuiu o aumento de peso à fixação de ar no fósforo. Pouco depois, ele calcinou enxofre sob um balão de vidro e constatou, novamente, que o peso do ácido sulfúrico resultante era superior ao do enxofre que havia aquecido.

Bem no final de sua apresentação dos experimentos a serem realizados com o vidro ustório — a subseção intitulada "SOBRE O AR FIXO" —, Lavoisier conclui com esta sugestão: "Seria bem desejável aplicar o vidro ustório ao aparato do sr. Halles de modo a medir a quantidade de ar *produzido ou absorvido em cada operação*, mas é de se temer que as dificuldades apresentadas por este tipo de experimento possam ser insuperáveis para o vidro ustório".[17] Esses temores se concretizariam, ao menos em parte, embora Lavoisier obtivesse resultados fortes o suficiente para sustentar sua teoria emergente.

O inglês Hales, para facilitar seu estudo do ar fixo, havia inventado um dispositivo que denominou *cuba pneumática*, em que gases liberados em uma reação eram canalizados do recipiente da reação para uma campânula invertida repleta de água — um sistema confiável para captar e reter ares. Uma variação desse sistema envolvia colocar um pedestal em uma bacia d'água. O objeto do experimento (às vezes um animal pequeno, outras, uma substância ardente) era pousado no pedestal e coberto com um balão de vidro, com a extremidade aberta submersa na água. Aferindo as mudanças no nível da água, o experimentador podia medir o ganho ou perda de ar ou gases afetados por quaisquer reações ocorridas no pedestal.

A adaptação de Lavoisier do aparato de pedestal de Hales foi caprichosamente desenhada por sua esposa como ilustração para o seu *Opuscules physiques et chymiques*, em que os resultados desses experimentos foram registrados. Em sua versão, ele colocou um cadinho de porcelana sobre um pedestal de cristal, cobriu-o com um balão de vidro e controlou o nível da água com um sifão. Uma camada de óleo na superfície da água sob o balão impedia que quaisquer gases liberados se dissolvessem. Em outubro de 1772, ele colocou um óxido de chumbo chamado *mínio** no seu cadinho com uma pequena quantidade de carvão e aqueceu-o através do balão de vidro com o vidro ustório, cujo raio foi focalizado exatamente no conteúdo do cadinho. Esse método, comum na fusão de minérios de óxidos para obter metais, liberou uma quantidade significativa de certo tipo de gás, ou fluido elástico. Embora (de forma atípica) Lavoisier não fizesse uma medição exata do gás, ele registrou "um volume ao menos mil vezes maior"[18] que o do óxido de chumbo usado.

O que realmente aconteceu nesse experimento, embora Lavoisier ainda não soubesse, foi que o oxigênio liberado na redução do óxido de chumbo se combinou com o carbono no carvão para formar um grande volume de dióxido de carbono (ar fixo). Para seus propósitos imediatos, o experimento com o mínio demonstrou e confirmou um fato já conhecido: a redução de óxido de chumbo liberou um gás. Também complementou as sínteses que ele realizara combinando ar, fósforo e enxofre com uma análise em que o ar foi removido de um

* Pb_3O_4. Ao discutir esse experimento, Lavoisier às vezes diz que o litargo (PbO) foi reduzido, e outras vezes o mínio; este último parece mais provável. Ver Henry Guerlac, *Lavoisier — The crucial year: The background and origin of his first experiments on combustion in 1772* (Ithaca: Cornell University Press, 1961), p. 160.

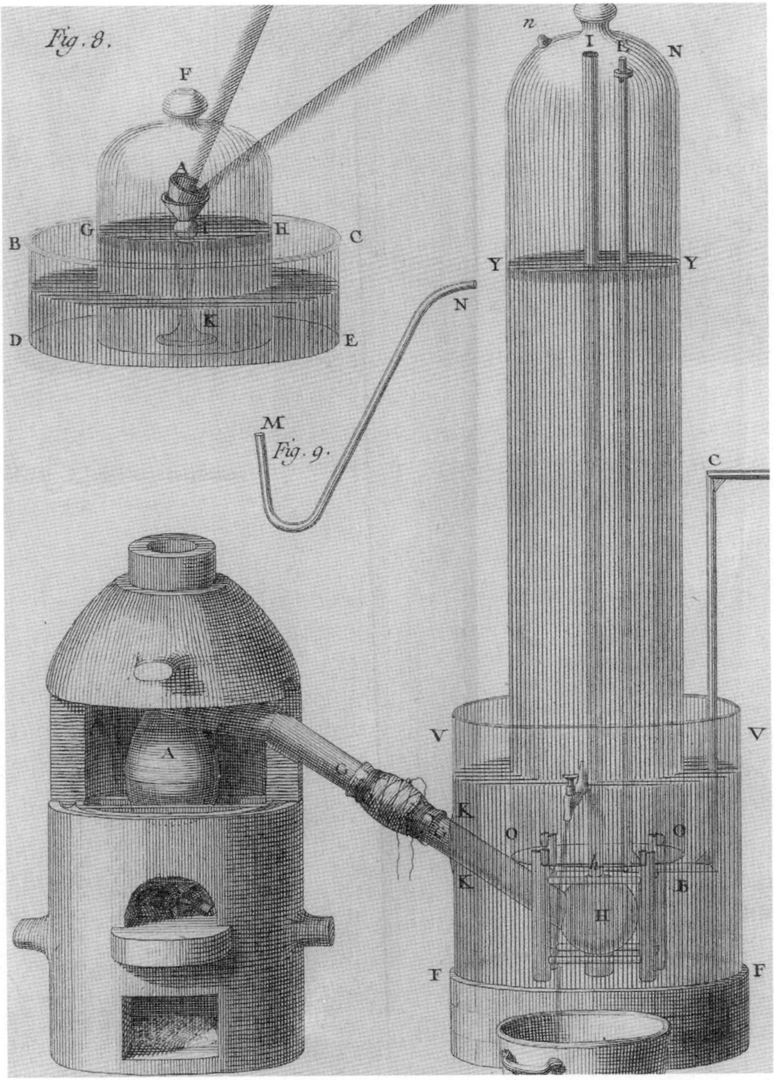

O aparato de Lavoisier para seus experimentos com mínio, conforme desenhado por madame Lavoisier.

óxido metálico. A idéia de Lavoisier de que o ar era fixado no processo de calcinação (e liberado na redução de óxidos metálicos) tinha agora respaldo nas duas extremidades.

Lavoisier acreditava (ou, pelo menos, estava propenso a afirmar) que aqueles resultados haviam "confirmado completamente as minhas conjecturas".[19] Os experimentos com fósforo, enxofre e mínio tornaram-se a base da nota lacrada que ele depositou na academia em 1º de novembro de 1772. A verdade era que, embora convencido de que sua descoberta era "uma das mais interessantes realizadas desde Stahl",[20] Lavoisier continuava sem saber dizer precisamente *o que* havia sido descoberto — nem a descoberta ainda se ajustava perfeitamente à sua teoria em evolução. Só em fevereiro do ano seguinte ele se sentiria confiante o suficiente para declarar, naquela famosa anotação no caderno de notas do laboratório, que iria provocar "uma revolução na física e química".[21]

Os próximos meses foram frenéticos. À semelhança de qualquer cientista moderno no encalço de uma patente, uma cura ou a glória de um prêmio importante, Lavoisier sentiu a pressão da competição. A nota lacrada mostra seu medo de revelar sem querer sua idéia a um dos colegas franceses; e de fato químicos franceses — Guyton de Morveau e Pierre-Joseph Macquer, entre outros — estavam ocupados nesse campo promissor. Claro que, como o gás ainda não havia sido apropriadamente definido, nenhum dos competidores sabia que era o oxigênio o que estavam tentando descobrir, mas todos entendiam que algo importante poderia ser aprendido da química pneumática — a química do ar.

Uma visão retrospectiva mostra que a concorrência mais forte a Lavoisier vinha de fora da França, e ele devia saber disso em 1772. Ele tinha vários motivos para estar ciente do progresso dos químicos pneumáticos britânicos, não apenas Hales e Black, mas também, cada vez mais, de um homem chamado Joseph Priestley. Clérigo e doutor em teologia, Priestley era dissidente da doutrina da Igreja Anglicana. Ele foi denunciado por sua rejeição à idéia da Santíssima Trindade e excluído não apenas da Igreja oficial, mas também das Universidades de Oxford e Cambridge. Inclinado a se ver como um filósofo natural do tipo cujo pensamento abrangia tanto religião como ciência, Priestley concentrou seu interesse nesta última ao se preparar para lecionar ciências em uma das academias fundadas por outros dissidentes excluídos do sistema educacional oficial. Priestley era uma personalidade rebelde em quase todos os aspectos, e não compartilhava da mentalidade sistemática de Lavoisier, mas (na tradição baconiana) era um colecionador entusiasmado de fatos curiosos, e algumas de suas descobertas foram bastante originais para atrair a atenção de contemporâneos tão veneráveis como Benjamin Franklin, mesmo antes que os franceses percebessem.

Em suas peregrinações, Priestley foi vizinho durante um ano de uma cervejaria na cidade de Leeds, onde observou que o processo de produção de cerveja emitia quantidades copiosas do ar fixo que acabaria sendo definido como dióxido de carbono. Ele não imaginou que havia descoberto esse gás — Joseph Black, em 1757, havia mostrado que a respiração produzia um ar fixo não respirável —, mas dedicou certa energia a explorar suas propriedades. O trabalho de Priestley demonstrou que aquele ar fixo não se prestava à combustão ou respiração, mas que a respirabilidade e a capacidade de alimentar uma chama poderiam ser restauradas por plantas crescendo nele. Também desenvolveu um método de carbonatar a água, que publicou em junho de 1772 como um livreto intitulado *Directions for impregnating water with fixed air* [Instruções para impregnar a água com ar fixo].

Quem instigou Priestley a este último projeto foram dois médicos britânicos, John Pringle e David MacBride, que anteviram aplicações médicas para o dióxido de carbono e até acreditaram (erroneamente, como se descobriria) que o ar fixo pudesse prevenir o escorbuto entre as tripulações marítimas. O escorbuto tinha tamanhas implicações para o poder naval e mercantil, durante o século XVIII, que essa esperança injustificada de uma cura de repente dotou qualquer coisa ligada ao ar fixo de uma aura de segredo militar-industrial.

Por esse motivo, o monge português João Jacinto de Magalhães, que relatou muitos progressos da química britânica aos químicos franceses, é às vezes tachado de espião. Essa acusação parece exagerada: as descobertas de Priestley, Black e seus colegas não foram mantidas em segredo na Inglaterra, mas divulgadas em textos publicados e em conferências diante da Royal Society de Londres, instituição equivalente à academia francesa. Mesmo assim, Magalhães foi rápido e vigoroso em relatar os avanços britânicos à França, onde seu contato era um nobre, químico amador e membro honorário da Academia de Ciências: Trudaine de Montigny.

A atitude de Trudaine para com Lavoisier combinava as qualidades de defensor e fã. Ele sabia que provavelmente não chegaria tão longe quanto Lavoisier na pesquisa química, mas não poupava conselhos a este de tempos em tempos, e às vezes tais conselhos eram úteis. Priestley havia apresentado sua pesquisa sobre o ar fixo em palestra à Royal Society em março de 1772 e, depois, publicou seu trabalho em *Directions for impregnating water with fixed air*. Trudaine recebeu esse livreto das mãos de Magalhães em julho de 1772, junto com o informe de Magalhães sobre o trabalho de Priestley, e em uma semana o havia repassado a Lavoisier, com uma carta exortando-o a traduzir o texto para o francês e a repetir e confirmar os experimentos de Priestley. "Conheço sua exatidão nos detalhes da física e química", escreveu Trudaine, "e sei que estou lhe prestando um favor ao colocá-lo em vias de fazer algo útil."[22] Em 18 de julho, Lavoisier apresentou devidamente à academia a descrição por Magalhães do trabalho de Priestley. Uma tradução francesa do livreto sobre a carbonatação veio a lume no mês seguinte.

Esses eventos ocorreram vários meses *antes* de Lavoisier depositar na academia sua anotação lacrada sobre o aumento do peso na calcinação, e durante esse tempo ele deve ter trabalhado ciente de que os cientistas pneumáticos britânicos estavam no mesmo pé, se não à frente, de sua própria pesquisa. O que ele não podia saber era se algum dos químicos britânicos estava elaborando uma teoria tão abrangente quanto a que ele vinha tentando criar. Mas a competição internacional contribuiu para sua sensação de premência.

"Quanto mais extraordinários os fatos", escreveu Lavoisier, "quanto mais distantes das idéias recebidas e consagradas, mais importante se torna confirmá-las mediante experimentos repetidos e de modo a não deixar nenhuma dúvida."[23] O estilo decidido e epigramático dessa afirmação está longe dos esboços e anotações escritos às pressas do final de 1772. Mas a anotação lacrada de 1º de novembro obrigou-o a cumprir a promessa: confirmar sua conjectura mediante experimentos, transformando a dúvida em certeza.

Talvez a anotação lacrada fosse ambiciosa demais. De qualquer modo, o estudo do ar fixo (preconizado por Trudaine de Montigny) provavelmente decidiria a questão. Quando Lavoisier reuniu as informações disponíveis sobre o ar fixo de experimentos próprios e dos outros, este pareceu um tanto instável: às vezes, apagava a chama e matava animais; outras vezes, aumentava o brilho da chama e parecia melhor de respirar que ar comum. A causa da contradição era que o emprego corriqueiro de ar fixo incluía dióxido de carbono e oxigênio, mas Lavoisier ainda estava longe de reconhecer a diferença entre eles.

Quatro meses depois, com poucas de suas conjecturas confirmadas pelos experimentos, ele continuava otimista o bastante para abrir aquela famosa anotação do laboratório com a declaração de que realizaria uma revolução em física e química. Depois, expôs seu programa para isso:

> Esta maneira de ver meu objetivo me fez perceber a necessidade primeiro de repetir e depois de multiplicar os experimentos que absorvem ar, de modo que, sabendo a origem dessa substância, eu possa acompanhar seus efeitos em todas as combinações diferentes.

> As operações a que se pode chegar fixando o ar são vegetação, a respiração de animais, combustão sob certas circunstâncias e finalmente certas combinações químicas. É por esses experimentos que acredito que devo começar.[24]

Ao concluir, ele teria uma compreensão bem mais clara da natureza do ar fixo e sua relação com o ar que respiramos.

Por mais claro e sistemático que fosse, seu programa atolou em dificuldades técnicas logo no início. Antes, em sua apresentação à academia em agosto de 1772, Lavoisier se queixara de que o aparato de Hales poderia ser difícil de combinar com as lentes de Tschirnhausen, e em suas primeiras tentativas, os balões de vidro de fato estouraram sob o calor intenso do vidro ustório, impedindo a medição dos gases liberados. Em 22 de fevereiro de 1773, ele tentou calcinar chumbo (uma operação que fixava o ar) aquecendo uma retorta* em uma fornalha convencional, mas o experimento falhou quando a retorta rachou. Ele havia esboçado projetos de diversos equipamentos novos, incluindo uma "máquina para testar os efeitos do ar em animais",[25] mas seus artífices não conseguiram produzi-los a tempo, e o tempo era essencial: Lavoisier precisava com urgência de resultados definitivos para apresentar em uma reunião pública da academia a se realizar na terceira semana de abril.

Desanimado com o novo equipamento encomendado, ele improvisou uma versão do aparato de Hales com jarras de vidro comuns, uma bacia de lavar as mãos e um pedestal de cristal para a exibição decorativa de frutas. Aplicando o vidro ustório a esse equipamento, Lavoisier conseguiu iniciar uma calcinação de chumbo em 29 de março, mas ficou intrigado quando o processo parou na superfície do metal. Ele imaginou diversas explicações para aquele resultado, mas não teve como verificar qual a correta. Outros experimentos durante aque-

* Vaso de vidro com um longo gargalo usado para a destilação, a retorta era o instrumento simbólico tanto da alquimia como da química inicial.

las semanas, incluindo esforços para calcinar estanho e detonar salitre com enxofre, exibiram resultados igualmente frustrantes e ambíguos.

Em abril, Lavoisier progredira menos do que havia esperado rumo à confirmação experimental de suas idéias que se prometera — e que a anotação lacrada do outono anterior implicitamente previra. Não obstante, foi em frente com a apresentação da teoria na reunião da academia em 21 de abril.

"As circunstâncias atuais não me permitem fornecer aqui os detalhes de meus experimentos", anunciou — o que, considerando que nenhum deles funcionara a contento, constituía apenas meia verdade. Rascunhos iniciais aludiram mais claramente à discrepância entre suas interpretações e os resultados reais, mas, na época de sua apresentação à academia, Lavoisier havia eliminado totalmente aqueles trechos. Se bem que a linguagem empregada ocultasse tal fato, os experimentos que ele descreveu em detalhe eram, na verdade, "experiências imaginárias" naquele estágio, e não algo que tivesse sido realizado no plano material.

> Se [um grande "se", sob as circunstâncias experimentais] em vez de realizar esses experimentos ao ar livre os realizamos em uma porção de ar fechado sob uma campânula de vidro invertida em uma [...] cuba e se interceptamos a comunicação com o ar da atmosfera [...] à medida que esses metais se reduzem a óxido metálico, o volume de ar diminui e se descobre que o aumento do peso do metal é mais ou menos igual à quantidade de ar absorvido. Se por meio de um vidro ustório ou por qualquer outro procedimento do qual darei os detalhes chegamos à redução desses metais — fazendo-os passar do estado de óxido metálico para o de metal —, logo eles devolvem todo o ar que absorveram e, ao mesmo tempo, perdem de novo o peso que haviam adquirido.[26]

Embora ainda uma hipótese disfarçada de resultado, tratou-se de um "resultado" importantíssimo, que permitiu a Lavoisier avançar rumo a conclusões definitivas sobre a calcificação de metais e a redução dos óxidos metálicos:

> Resulta obviamente desses experimentos, 1º que um óxido metálico não passa do próprio metal combinado com ar fixo, 2º que a redução metálica consiste somente na retirada do ar dos óxidos metálicos. 3º que os metais devem o aumento de peso* ao ar fixo contido na atmosfera.[27]

Dessa posição, Lavoisier pôde fazer seu primeiro ataque à química baseada no flogístico de Stahl:

> Esta teoria destrói a de Stahl adotada por quase todos os químicos, motivo para eu me manter vigilante; porém, não pude recusar os fatos; acima de tudo, experimentos decisivos me asseguraram ser possível reduzir quase todos os metais sem o acréscimo de flogístico.[28]

A palavra *decisivos* é um tanto extrema; uma correção na margem sugere que ele deve ter exposto isso com mais cautela durante sua apresentação na academia. Mesmo assim, suas conclusões foram bem ousadas: "Cheguei ao ponto de duvidar da existência do que Stahl chama flogístico, pelo menos no sentido que ele dá a essa palavra, e me parece que, em todos os casos, pode-se substituir o nome por matéria de fogo, de luz e de calor".[29] Embora distante de uma revolução total, essa afirmação era decerto um gesto fervoroso de rebelião.

No dia 5 de maio de 1773, duas semanas após a apresentação de sua teoria em abril, Lavoisier pediu que a anotação lacrada de novembro anterior fosse aberta em presença de seus colegas da academia, uma cerimônia devidamente realizada. Por que então ele sentiu necessidade daquilo é incerto. O secretário da academia anotou que "o autor solicitou a presente menção a fim de preservar para si a data". Portanto, a questão da precedência deve ter sido seu motivo, embora não pareça que nenhum outro teórico estivesse obviamente em seu encalço. Ele pode ter acreditado que, uma vez tendo enunciado

* Observado na calcificação.

tão claramente sua teoria, outros químicos começariam experimentos em linhas semelhantes (e talvez com mais sucesso do que ele obtivera até então). Ou quem sabe simplesmente reconhecesse que, uma vez revelada sua teoria, não havia nenhuma razão específica para manter a anotação de novembro lacrada.

Ao reforçar sua palestra de abril com o depósito da anotação de novembro e sua posterior abertura, Lavoisier havia defendido sua precedência da melhor maneira possível — e ele era o único a saber o quanto ainda teria de avançar para justificá-la. Os observadores de início se mostraram céticos. Benjamin Franklin, cujo trabalho com eletricidade na década anterior o tornara uma celebridade internacional da ciência, no princípio olhou com desconfiança para as propostas de Lavoisier, escrevendo para Jean-Baptiste LeRoy, da academia francesa: "Gostaria de saber como a doutrina do sr. Lavoisier se sustenta, pois suponho que será contestada".[30] Lavoisier pode ou não ter tomado conhecimento dessa depreciação, mas com certeza conhecia o peso da opinião de Franklin na comunidade científica, talvez maior do que a de qualquer outro indivíduo, e nos anos seguintes ele e sua mulher se esforçariam ao máximo para conquistá-la à causa deles.

Ele havia se arriscado bastante, como muitos tendem a fazer quando *sabem* que estão certos — mesmo com a ausência de provas. Com freqüência, tais pessoas acabam sendo contestadas, mas a intuição de Lavoisier era segura, e no verão e outono de 1773, ele reuniu indícios experimentais que de fato a confirmaram. Por mais prematuro que fosse, o anúncio de sua teoria em abril forneceu certo espaço para respirar. E, finalmente, as várias peças do equipamento novo por ele projetado foram entregues pelos fabricantes. Uma versão nova e bem mais confiável do dispositivo de Hales, agora ligado a uma fornalha e retorta, ambas comprovadamente à prova de rachaduras e vazamentos, entrou em jogo no verão de 1773. Lavoisier modificou um instrumento existente chamado *areômetro* para obter medições mais precisas da densidade dos fluidos. E constantemente procurava melhorar a precisão da escala de sua balança — sem medir despesas. Seu laboratório acabaria se orgulhando de uma balança com margem de erro de um em 400 mil.

Os "experimentos imaginários" com a calcinação e a redução de metais, em que Lavoisier fundamentara a teoria apresentada em 21 de abril, também foram experimentos de "balanço contábil", baseados no princípio da conservação da massa e dependendo da medição exata dos pesos e volumes dos materiais empregados, antes e depois dos processos. No verão de 1773, Lavoisier procurou trazer seus experimentos do plano do pensamento para o material, e no final do verão o balanço meticulosamente mantido enfim começava a se equilibrar.

Teoricamente, porém, ele se viu num impasse. Em abril de 1773, sentira-se confiante de que o ar fixo contido nos corpos, que com freqüência chamava "fluido elástico", explicaria uma grande variedade de reações que na química de Stahl eram explicadas pelo flogístico. Entretanto, indícios conclusivos não estavam surgindo. Lavoisier imaginou seu fluido elástico como um subcomponente do ar atmosférico (o que era verdade), mas também persistia em concebê-lo erradamente como uma substância única (como definido por outros antes dele). Na realidade, seus experimentos às vezes produziam dióxido de carbono e, outras vezes, oxigênio ou outros gases, e Lavoisier não conseguia conciliar seus comportamentos diferentes com a simplicidade apurada de sua teoria naquele estágio.

Em reação a essas dificuldades, ele continuou aperfeiçoando seus procedimentos experimentais, enquanto reduzia um pouco sua posição teórica. Parece provável, também, que tenha sido aconselhado pelos membros veteranos da academia a ser mais cauteloso no front teórico. O flogístico fazia parte dos fundamentos da química da época, e os cientistas mais velhos dificilmente abririam mão dele.

Não obstante, em julho de 1773, Lavoisier começou a apresentar artigos novos à academia, com base no seu programa de pesquisa ainda em andamento, e se sentiu encorajado a reuni-los em um livro.

Em agosto, ele tinha à mão uma versão preliminar da obra. No início daquele mês, Trudaine de Montigny (bem perspicaz para um amador) recomendara alguns experimentos refinados de calcinação dos metais, que possivelmente forneceriam uma compreensão mais firme da natureza do ar fixo, mas Lavoisier, na pressa de concluir seu tratado, não dedicou tempo a eles naquele momento. No entanto, conseguiu incluir todos os experimentos conduzidos desde fevereiro no texto que estava escrevendo.

Em 7 de agosto de 1773, ele entregou seu manuscrito dos *Opuscules physiques et chymiques* para ser avaliado pela academia visando à publicação. Um dos dois cientistas encarregados de examiná-lo foi Jean-Baptiste LeRoy, o destinatário da carta cética de Benjamin Franklin. No mês seguinte, em 25 de setembro, LeRoy encontrou-se com Trudaine, Macquer e Louis-Claude Cadet para verificarem os experimentos mais importantes discutidos pelo tratado de Lavoisier. O encontro parece ter sido bem amistoso, pois o grupo passou vários dias no laboratório de Lavoisier, muitas vezes mudando as táticas dos experimentos realizados por ele. Com Trudaine em cena, alguns dos aprimoramentos que ele sugerira foram agora realizados. Os cientistas coletaram e mediram o ar liberado na redução do mínio, e constataram que ele apagava velas, matava pardais e precipitava água de cal* (todos os efeitos sabidamente associados ao tipo de ar fixo que era na verdade dióxido de carbono). Um teste bem simples mostrou que o "ar da respiração" (ou seja, o dióxido de carbono, subproduto da respiração) precipitava água de cal, enquanto o ar atmosférico comum não o fazia.

Revigorado pela colaboração, Lavoisier continuou realizando experimentos de calcinação até outubro, chegando enfim à conclusão de que

---

* Dióxido de carbono dissolvido em água de cal {$Ca(OH)_2(aq)$} precipita íon de carbonato {$CaCO_3$}.

> todo o ar que respiramos não é adequado para entrar em combinação com óxidos metálicos; mas existe na atmosfera um fluido elástico específico que se encontra misturado ao ar, e *é no momento em que a quantidade desse fluido contido sob a campânula se esgota que a calcinação não consegue mais ocorrer.*[31]

Ali estava uma explicação promissora para o impasse na calcinação do chumbo que o frustrara meses antes. Lavoisier estava descrevendo a combinação de oxigênio extraído do ar atmosférico com o óxido metálico, embora ainda não a conseguisse definir.

Os comissários da academia entregaram sua avaliação dos *Opuscules physiques et chymiques* de Lavoisier em dezembro de 1773, observando que ele havia "submetido todos os seus resultados a medições, ao cálculo e à balança: um método rigoroso que, felizmente para o avanço da química, começa a ser indispensável à prática desta ciência".[32] Fizeram também questão de elogiar sua contenção: "O sr. Lavoisier, longe de ficar emitindo suas convicções, contenta-se em propô-las de uma só vez e em poucas palavras, com toda a reserva que caracteriza os físicos esclarecidos e judiciosos".[33]

De fato, Lavoisier havia se contido bastante desde abril passado. O processo de aprovação da academia fez com que aceitasse melhor sua própria constatação de que, quanto mais os fatos parecem contrariar as idéias recebidas e o conhecimento consagrado, mais precisam ser confirmados por indícios incontestáveis. Se ele se excedera na primavera passada, em *Opuscules* teve o cuidado de permanecer dentro dos limites do que podia provar. Mesmo o título diminuto reflete a modéstia da ambição ali expressa. Aqueles ensaios breves eram apenas precursores da grande obra que Lavoisier tinha em mente para o futuro. No entanto, ele se empenhou para que a obra fosse publicada, tanto em casa como no exterior. Ele enviou os *Opuscules* à Royal Society de Londres, onde sabia que chegariam às mãos de Joseph Priestley, e à Royal Society de Edimburgo, com uma cópia extra especialmente para Joseph Black.

As cartas que enviou junto prestaram uma homenagem respeitosa ao trabalho dos predecessores de Lavoisier sobre o ar fixo. Os pacotes, tomados como um todo, definiram o rumo das novas pesquisas. A publicação dos *Opuscules* não deu exatamente o tiro de largada da corrida pelo oxigênio, mas estendeu a pista para ela — embora ninguém ainda conseguisse ver a linha de chegada.

O volume dos *Opuscules* estava dividido em duas partes, a segunda das quais detalhou os experimentos de Lavoisier, com ilustrações do aparato e procedimentos detalhadamente desenhadas por madame Lavoisier. Os resultados foram suficientes para consolidar sua hipótese de que "alguma espécie de fluido elástico contido no ar" era a substância fixada nos corpos, sem avançar muito além disso — ele não podia avançar muito sem abandonar o terreno experimental firme. A primeira metade, com quase duzentas páginas, era a história de Lavoisier de todo o trabalho efetuado antes dele sobre o ar fixo. Ele viera examinando essas realizações, e as descrevendo, durante os mesmos meses frenéticos de 1773 quando realizara o máximo possível de seu programa experimental.

Embora estivesse familiarizado com a análise do ar de Hales, os avanços de Priestley e Black eram novidade para Lavoisier, e ele sabia que era importante dominá-los. De fato, muitos dos experimentos em seu programa de 1773 foram modelados em experimentos realizados antes por Black para demonstrar o comportamento do ar fixo em transição de álcalis para terras calcárias e em combinação com ácidos. As realizações de Priestley mereceram um tratamento ainda mais detalhado no "*Précis historique*" de abertura dos *Opuscules*. A síntese de Lavoisier teve profundidade histórica suficiente para abranger também as idéias de Paracelso e Van Helmont.

Paracelso observara um fluido elástico que escapava da combustão e fermentação, e chamou-o de "espírito silvestre". Seguindo as pegadas de Paracelso, como costumava fazer, Van Helmont cunhara o termo *gás* para descrevê-lo, e descobriu que alguns gases queimavam enquanto outros não. Robert Boyle reconheceu que os gases constituíam um grupo de substâncias tão importante quanto os sólidos ou líquidos, e usou uma versão inicial da cuba pneumática para coletá-los. Sem saber o que era, ele capturou uma quantidade de hidrogênio da ação do ácido sulfúrico sobre agulhas. John Mayow, um dos discípulos de Boyle, liberou oxigênio aquecendo nitrato de potássio no vácuo em 1674 — um século inteiro antes que houvesse um contexto favorável para defini-lo.

Em 1774, aquele contexto estava rapidamente se definindo — e outros químicos além de Lavoisier o sentiram tomando forma. Pierre Bayen, um farmacêutico militar, estava acostumado a produzir diferentes óxidos de mercúrio (óxidos metálicos) para uso prático. Tendo observado que seus óxidos de mercúrio perdiam peso ao mesmo tempo que liberavam um gás, recorreu à teoria da fixação dos *Opuscules* de Lavoisier para explicar o fenômeno, e chegou ao ponto de dizer que este desafiava toda a idéia do flogístico. Acreditava-se que o flogístico se transferisse do carvão ao metal na fundição convencional de metais. Bayen descobriu que o óxido de mercúrio poderia ser reduzido sem carvão, o que parecia invalidar ainda mais o conceito de flogístico.

Uma controvérsia moderada irrompeu entre dois químicos acadêmicos, Antoine Baumé e Cadet, o primeiro sustentando que o *mercurius calcinatus* não podia ser reduzido ao mercúrio sem o flogístico derivado do carvão, e o último insistindo que podia. Lavoisier fez parte do comitê designado para dirimir a questão via experimento. O irritado Baumé boicotou o evento. Descobriu-se que Cadet estava certo. O gás liberado na redução do *mercurius calcinatus sem* carvão era oxigênio puro, mas nem Lavoisier, nem os demais presentes notaram sua diferença em relação ao ar fixo ou fluido elástico produzido por outras reações.

Do outro lado do Canal da Mancha, em agosto de 1774, Joseph Priestley observou que o gás coletado de uma redução de *mercurius calcinatus* exibia uma característica oposta à do ar fixo: "Uma vela queimava nesse ar com uma chama de vigor extraordinário. [...] Fiquei totalmente perplexo, sem saber explicá-lo".[34] O óxido de mercúrio poderia ser produzido mais facilmente do que por calcinação: o método alternativo envolvia dissolver mercúrio em ácido nítrico e, depois, reduzi-lo a sal mediante técnicas que às vezes introduziam impurezas. Portanto, quando Priestley repetiu seu experimento desconcertante várias vezes, com o mesmo resultado, começou a questionar a qualidade de sua amostra. Ao ter a oportunidade de visitar Paris, em outubro de 1774, comprou uma onça de *mercurius calcinatus* de Cadet, "cuja legitimidade estava acima de qualquer suspeita".[35] Quem os apresentou foi o dinâmico Magalhães.

Priestley foi festejado pelos químicos franceses, e jantou *chez* Lavoisier. Seis anos depois, ele recordou (um tanto enfaticamente) ter mencionado sua estranha descoberta aos demais presentes: "dizendo que era uma espécie de ar em que a vela queimava bem melhor do que no ar comum, mas ao qual eu ainda não dera um nome. Diante disso, todo o grupo, inclusive o sr. e a sra. Lavoisier, expressaram grande surpresa".[36] Lavoisier devia estar arrependido por não ter investigado o ar produzido pelo mesmo experimento que ele realizara recentemente para resolver a controvérsia entre Baumé e Cadet.

Priestley retornou à Inglaterra e foi trabalhar com o *mercurius calcinatus* obtido com Cadet. Experimentos com animais produziram resultados incomuns: Priestley descobriu que um camundongo sobrevivia, em seu novo gás, o dobro do tempo que no mesmo volume de ar atmosférico. Encorajado, Priestley inalou parte do gás através de um sifão: "Senti meu peito leve e confortável durante algum tempo depois. Quem sabe, no futuro, esse ar puro se torne um artigo de luxo em voga? Até então, apenas dois camundongos e eu tivéramos o privilégio de respirá-lo".[37] Priestley estava respirando oxigênio puro, mas decidiu chamá-lo "ar deflogisticado", raciocinando que uma perda de flogístico o tornava superior ao ar comum. Teoria não era seu forte, nem passou por sua cabeça que uma perda de flogístico

Joseph Priestley

não deveria ter tornado o novo gás mais propenso à combustão, como ele observou, do que o ar atmosférico.

Alguns anos antes de Priestley ou Lavoisier, o sueco Carl Wilhelm Scheele havia isolado oxigênio de vários óxidos diferentes. Scheele trabalhava numa farmácia de Estocolmo bem menos equipada que o laboratório de Lavoisier no Arsenal, mas mesmo assim conseguiu resultados interessantes. Ele obteve o novo gás aquecendo materiais como óxido de manganês, carbonato de prata e nitrato de potássio, mas seu equipamento improvisado limitou seu raio de ação. Não obstante, esteve alguns anos à frente de Lavoisier e Priestley no isolamento do oxigênio (em "um saco de ar vazio") a partir da redução de *mercurius calcinatus*. Scheele resolveu chamar o novo gás de "ar de fogo" e, embora identificasse precisamente suas propriedades, explicou-as em termos do flogístico.

Lavoisier tinha algum conhecimento do trabalho de Scheele (apesar da distância e da diferença de línguas) através de uma correspondência entre o químico francês Macquer e o professor sueco Torbern Olof Bergman, que adquiria seus suprimentos de química da farmácia de Scheele. Em abril de 1774, Lavoisier remeteu duas cópias dos *Opuscules* à Academia de Ciências em Estocolmo, com um bilhete encaminhando uma delas a Scheele, com seus cumprimentos. Em 30 de setembro de 1774, Scheele respondeu oferecendo a Lavoisier seu próprio programa de pesquisa de bandeja, por assim dizer, embora em forma de uma breve carta manuscrita, em vez de um tratado encadernado e ilustrado. Talvez fosse fatigante para Scheele escrever em francês; a barreira da língua impedia que descobertas científicas suecas atingissem o resto da Europa. Entretanto, ele conseguiu se expressar bem claramente.

> Monsieur,
>
> Recebi do sr. secretário Wargentin um livro que, segundo ele, o senhor teve a bondade de me enviar. Embora não tenha a honra de conhecê-lo pessoalmente, tomo a liberdade de agradecer mui humildemente. Não há nada que eu deseje mais ardentemente do que mostrar-lhe minha gratidão. Por um longo tempo, desejei poder ler uma coletânea de todos os experimentos que têm sido realizados na Inglaterra e Alemanha com todos os tipos de ar. O senhor não apenas satisfez esse desejo, mas também, com seus experimentos novos, proporcionou aos sábios as mais belas oportunidades de examinar melhor o fogo e a calcinação de metais no futuro. Durante vários anos, realizei experimentos com várias espécies de ar, e também gastei muito tempo descobrindo as características singulares do fogo, mas nunca consegui compor ar comum a partir do ar fixo: tentei-o várias vezes, de acordo com a opinião do sr. Priestley, com uma mistura de limalha de ferro, enxofre e

água, mas sem sucesso, porque o ar fixo sempre se uniu ao ferro, tornando-o solúvel na água. Talvez o senhor tampouco saiba um modo de fazê-lo. Por me faltar um vidro ustório grande, peço-lhe que faça uma tentativa com o seu, desta maneira: dissolva alguma prata em ácido nitroso e precipite-a com tártaro, lave esse precipitado, seque-o, e reduza-o com o vidro ustório em sua máquina da fig. 8,* mas como o ar nessa campânula de vidro é tal que os animais morrem nele e uma parte do ar fixo se separa da prata nessa operação, é preciso acrescentar um pouco de cal viva à água onde se colocou a campânula, de modo que esse ar fixo se junte mais rapidamente ao óxido metálico. É por esse meio, espero, que verá quanto ar é produzido durante essa redução, e se uma vela acesa consegue sustentar sua chama e se animais conseguem viver nele. Ficarei infinitamente grato se me informar do resultado desse experimento. Tenho a honra de ser sempre e com muita estima

Seu mui humilde criado
C. W. Scheele[38]

Com isso, Scheele forneceu a Lavoisier um procedimento excelente para isolar oxigênio, que o sueco por si mesmo, com seu laboratório precário, não conseguia executar. Ali estava o primeiro exemplo decisivo de como o poder de fogo tecnológico que Lavoisier tanto se esforçou em obter poderia colocá-lo na *pole position* em uma corrida científica. Lavoisier nunca respondeu à carta de Scheele (provavelmente ele preferia jamais tê-la recebido). Nem existe nenhuma indicação de que chegou a realizar o experimento descrito por Scheele. É provável que ele sentisse que, agindo assim, teria realizado uma descoberta importante seguindo as instruções de outrem.

Em vez disso, Lavoisier retornou aos experimentos com *mercurius calcinatus*. Ali Priestley podia alegar sua precedência, fazendo-o mais tarde com certo vigor. Edmond C. Genet, observador francês de

* Referência à ilustração da adaptação de Lavoisier do aparato de Hales, desenhada por madame Lavoisier para os *Opuscules*.

química pneumática em ambos os lados do Canal da Mancha, chamou a atenção de Lavoisier para a semelhança entre seu trabalho e o de Priestley. Lavoisier riu (não ficou registrado com que entusiasmo) e respondeu, com senso de humor e precisão: "Meu amigo, você sabe que aqueles que avistam a lebre nem sempre a capturam".[39]

Lavoisier pode ter se sentido mais seguro com os experimentos com *mercurius calcinatus* do que com aquele sugerido por Scheele. Afinal, ele havia observado tais experimentos com mercúrio antes mesmo de ouvir Priestley falar sobre o assunto, enquanto julgava a discussão entre Baumé e Cadet. O que Priestley havia revelado no famoso jantar (sim, é difícil evitar que esses assuntos transpirem entre amigos) foi que o gás produzido na ausência de carvão era um tanto diferente do ar fixo comum.

De qualquer modo, Lavoisier retomou seus experimentos com mercúrio calcinado em novembro de 1774, e no final de março de 1775 considerou seus resultados importantes o suficiente para lacrá-los e depositar o envelope na Academia de Ciências. Os experimentos definitivos com *mercurius calcinatus* finalmente traçaram uma distinção clara entre dióxido de carbono e oxigênio, segundo suas características, embora nenhum dos dois ainda tivessem esses nomes. O gás produzido pela redução de *mercurius calcinatus* com carvão dissolvia-se em água, precipitava cal viva, extinguia chamas de velas e sufocava camundongos e pássaros: era dióxido de carbono — o ar fixo descrito por Black, Priestley e outros. Quando *mercurius calcinatus* foi reduzido na ausência de carvão, o gás resultante sustentou a chama e a respiração de animais, mas não se combinou com água nem precipitou cal viva: era o ar deflogisticado de Priestley, ou ar de fogo de Scheele.

Lavoisier ainda não sabia como chamá-lo, mas gostou dele: "Tentamos duas vezes [...] o experimento da vela", escreveu. "É encantador; a chama é bem maior, mais clara e mais bonita do que no ar comum, mas com a mesma cor da chama comum."[40] Às vezes, ele se referia ao novo gás como "ar eminentemente respirável".[41] Quando a academia reabriu para a Páscoa, em 26 de abril, ele estava lá para anunciar que

> o princípio que se une aos metais durante sua calcinação e que aumenta seu peso e os constitui no estado de óxido metálico não é nenhuma das partes constituintes do ar, nem um ácido particular espalhado pela atmosfera; *é o próprio ar, inteiro, sem alteração, sem decomposição*.[42]

Até aí, Lavoisier continuava equivocado: ele ainda não percebera que seu "ar eminentemente respirável" era uma "parte constituinte" do ar atmosférico, e não a coisa toda. Mas durante a mesma palestra ele também afirmou que o novo gás era "mais puro e respirável [...] do que o ar da atmosfera, e mais adequado para sustentar a ignição e a queima de corpos". E ele estava descrevendo o novo gás de uma forma que contribuiu com metade da expressão que iria, enfim, anunciar a descoberta do oxigênio: "*le principe* _____". Faltava preencher a lacuna com um único termo eficiente.

Observe-se que a descoberta do oxigênio nunca foi tão clara ou brilhantemente delineada como, digamos, um raio atingindo uma peça metálica presa a uma pipa. Lavoisier era um jovem ambicioso, empenhado em sobrepujar ao máximo seus colegas e competidores para atingir o objetivo. Em 1775, estava cercado de competidores insatisfeitos, não apenas Priestley (que começara a resmungar), mas também Bayen, que em fevereiro isolou tanto o oxigênio como o dióxido de carbono em reduções de *mercurius calcinatus*, mas foi bem menos esperto que Lavoisier em discernir a diferença entre eles. Contrariado porque Lavoisier queria para si todo o crédito pela interpretação desses experimentos, Bayen encontrou e publicou um livro de 150 anos de Jean Rey, que, de modo surpreendente, previa que o aumento do peso dos metais na calcinação era causado pela fixação do ar. Essa manobra desencadeou um debate que se estendeu por alguns anos, embora no final a alegação de Lavoisier de ter sido o primeiro químico francês a descobrir o oxigênio não fosse seriamente contestada.

Carl Wilhelm Scheele era uma personalidade mais modesta e menos ambiciosa que a maioria das outras. Talvez a humildade demonstrada na carta reveladora a Lavoisier não fosse mera retórica, ou talvez ele sentisse sua posição fraca demais para reivindicar a precedência a que fazia jus. Scheele havia isolado o oxigênio — ar de fogo em sua designação — já em 1771 e descrevera totalmente suas propriedades bem antes de Lavoisier ou qualquer outro, mas só publicou seu *Tratado sobre o fogo e ar* em 1777, e mesmo então não reivindicou a precedência. Àquela altura, a reivindicação de Lavoisier se tornara forte demais.

A palestra de Lavoisier à academia francesa, em abril de 1775, foi publicada no mês seguinte como "Sobre a natureza do princípio que se combina com metais durante calcinações e aumenta seu peso", e provocou uma reação incisiva de Priestley:

> Depois que deixei Paris, onde obtive o *mercurius calcinatus* supramencionado, e falara dos experimentos realizados, e que pretendia realizar com ele, ele [Lavoisier] iniciou seus experimentos com a mesma substância, e acabou encontrando o que denominei ar deflogisticado, mas sem investigar sua natureza, e de fato sem se informar plenamente do grau de sua pureza. E embora afirme que *parece mais adequado* à respiração do que o ar comum, ele não diz que realizou algum teste para verificar quanto tempo um animal conseguiria viver nele. Ele portanto inferiu, como eu disse ter feito certa vez, que essa substância havia, durante o processo de calcinação, absorvido ar atmosférico, não em parte, mas no todo. Porém ele estende sua conclusão, e, ao que me parece, sem nenhum indício, a todos os óxidos metálicos; dizendo que, provavelmente, todos eles produziriam apenas ar comum, se, como o *mercurius calcinatus*, pudessem ser reduzidos sem acréscimo.[43]

A atitude de Lavoisier em relação a Priestley foi, compreensivelmente, um tanto conflitante. Embora certa vez tenha descartado o trabalho de Priestley como "uma tessitura de experimentos raramente interrompidos por qualquer raciocínio",[44] em um momento mais generoso ele observou: "Confesso que às vezes tenho mais confiança nas idéias do sr. Priestley do que nas minhas próprias". Quando, em 1777, sintetizou a pesquisa que levou à definição de oxigênio, Lavoisier reconheceu que

> uma parte dos experimentos contidos nesta dissertação não pertencem propriamente a mim; talvez, para ser exato, existam até alguns dos quais o sr. Priestley possa reivindicar a idéia inicial; mas, à medida que os mesmos fatos nos levaram a conclusões diametralmente opostas, espero que, se alguém me acusar de ter me apropriado de provas dos trabalhos desse físico célebre, pelo menos ninguém me conteste o direito às conclusões.[45]

Dá para notar que a sintaxe de Lavoisier se torna menos tortuosa à medida que a frase se aproxima de terreno mais seguro: sua reivindicação mais forte de precedência foi na interpretação.

Mas a crítica de Priestley ao artigo de 1775 apontou uma falha na interpretação de Lavoisier naquele momento: na verdade, os óxidos metálicos não "absorviam ar atmosférico" no todo, mas em parte. Lavoisier passou mais três anos batalhando com essa dificuldade. Ele realizou estudos que mostraram que a respiração substituía aos poucos seu "ar eminentemente respirável" (oxigênio) por ar fixo (dióxido de carbono). Um exame mais atento da calcinação do mercúrio na ausência de carvão revelou um terceiro gás remanescente depois que o oxigênio havia sido absorvido pelo óxido metálico: nitrogênio, que Lavoisier denominou *mofette*. Lavoisier refez o balanço levando em conta esse experimento e conseguiu enfim equiparar o peso ganho pelo óxido metálico ao peso perdido pelo ar. A operação inversa também se verificou: quando Lavoisier aqueceu o óxido metálico que produzira para refinar o mercúrio, o gás liberado (seu ar eminentemente respirável) foi igual à perda de peso do óxido metálico. Por fim, ao combinar o ar eminentemente respirável com sua *mofette*, o ar atmosférico comum foi reproduzido. A análise e a síntese do ar (que

Scheele, ansioso, mencionara) foram assim obtidas. "Eis", declarou Lavoisier, "o tipo de prova mais completa a que se pode chegar em química: a decomposição do ar e sua recomposição."[46]

Tratava-se, de fato, de um grande avanço. Mas a realização mais radical emergiu do que pareceu, de início, um desvio. Quando frustrado por dificuldades teóricas, Lavoisier tendia a transferir sua atenção para experimentos estritamente delineados, com propósitos estritamente delimitados. Agora ele se voltou para um estudo atento do papel do ar na formação dos ácidos. Em abril de 1777, relatou resultados de experimentos com ácido nitroso (que, não por coincidência, era importante na produção de salitre para pólvora). Dissolveu mercúrio em ácido nitroso, aqueceu o sal resultante e coletou os gases e líquidos liberados. Quando reduziu nitrato de mercúrio mediante calor, obteve água, *mofette* (nitrogênio) e ar eminentemente respirável. O peso do mercúrio refinado mostrou-se igual ao peso do mercúrio com que ele começara.

Lavoisier também conseguiu demonstrar que seu ar eminentemente respirável era um componente do ácido carbônico, ácido vitriólico, ácido oxálico e outros. Em 5 de setembro de 1777, apresentou uma tese à academia que sustentava que o princípio que se combinava com metais para formar óxidos metálicos também era um princípio acidificante universal. Em sua palestra, dedicou um parágrafo a esclarecer sua terminologia:

> Daqui em diante, designarei o ar deflogisticado ou ar eminentemente respirável, no estado de combinação e fixidez, pelo nome de princípio acidificante, ou, caso se prefira o mesmo sentido em uma palavra grega, *le principe oxygine*. Esta denominação [...] dará mais rigor ao meu modo de expressão e evitará as ambigüidades em que nos arriscaríamos a cair com a palavra ar.[47]

Em última análise, o que Lavoisier havia descoberto era uma *palavra*.

* * *

Oxy derivava da palavra grega para ácido; *gen*, de "gerar" em grego. O emprego da palavra *princípio* sugere uma influência que subsiste de Paracelso, Boyle, Becher e especialmente Stahl, cujo flogístico foi definido como um princípio ativo, e não um componente material das substâncias. No painel da realidade emergente de Lavoisier, porém, o oxigênio *entrava* na composição química, como fizera a adaptação do flogístico de Rouelle. Por ora, Lavoisier entendeu seu ar eminentemente respirável como uma combinação de oxigênio e matéria do fogo, embora o preocupasse o fato de essa noção não fornecer uma distinção clara o bastante em relação ao ar deflogisticado de Priestley. A idéia de Eller de que o ar pudesse ser uma combinação de água com matéria do fogo também subsistia no pensamento de Lavoisier.

Havia outras falhas pequenas na primeira teoria baseada no oxigênio (o oxigênio é um componente de alguns ácidos, não de todos, não sendo portanto o princípio acidificante universal conforme postulou Lavoisier). Mas o *principe oxygine* era sólido e lógico o bastante para se tornar uma espécie de axioma, do qual evoluiria o resto do que viria em breve a ser chamado a "Nova Química Francesa". A teoria dos elementos em direção à qual Lavoisier vinha tateando, em seu manuscrito relativamente incipiente do "sistema dos elementos" de 1772, tinha agora, no oxigênio, uma base firme sobre a qual se erguer.

No final da década de 1770, o laboratório de Lavoisier no Arsenal transformou-se em uma escola — não apenas uma oficina para a educação de químicos jovens, mas também uma escola de pensamento em evolução. Jean-Baptiste Bucquet, que, como Lavoisier, estudara química com Rouelle e La Planche, passou a lecionar a estudantes principiantes no Arsenal — a própria madame Lavoisier participou de sua classe. Quando Bucquet morreu, Antoine-François de Fourcroy assumiu seu papel. A sensação de competição entre os dois lados do Canal da Mancha continuava forte, e o laboratório de Lavoisier, agora claramente na vanguarda da química francesa, exercia uma atração internacional. Apesar de ocupadíssimo com as carreiras totalmente diferentes, na cobrança de impostos e finanças, a que se dedicava ao mesmo tempo, Lavoisier permanecia no laboratório durante algumas horas todo dia, e um dia inteiro por semana era dedicado a experimentos — o público costumava ser bem-vindo. Como o apartamento particular do casal também ficava num prédio do Arsenal, convinha a madame Lavoisier manter um salão social para complementar o programa de experimentos e demonstrações, sua sala de estar sendo freqüentada pelos cientistas mais ilustres da Europa. Benjamin Franklin, durante a permanência como embaixador dos Estados Unidos na França, foi talvez o *habitué* mais célebre.

Desde 1773, Lavoisier vinha colaborando, ocasionalmente, com um novo membro da Academia de Ciências chamado Pierre-Simon de Laplace. Atualmente Laplace é mais lembrado como matemático puro, mas ele tinha um talento para projetar instrumentos científicos que Lavoisier achou valioso. Em 1782, Lavoisier solicitou a ajuda de Laplace em um programa experimental visando testar sua hipótese de que a respiração é um modo de combustão que produz calor ou, mais precisamente, que decompõe ar eminentemente respirável para liberar sua matéria do fogo.

Naquela época, porém, Lavoisier começara a abandonar expressões como "matéria do fogo" e "fluido ígneo". Aquele tipo de linguagem havia sido empregado por Marat nas interpretações espúrias dos experimentos que Lavoisier ajudara a desmerecer em 1779 (embora as teorias de Marat fossem fantásticas demais para representar uma concorrência séria, Lavoisier fez questão de eliminá-las). Em busca de um termo sem o sabor do velho léxico alquímico, Lavoisier passou a substituir "matéria do fogo" pela palavra *calórico*. Calórico ao menos *soava* como um elemento concreto — assim como oxigênio — e, na época, Lavoisier acreditava que fosse.

Daí o nome de um instrumento novo que Lavoisier e Laplace projetaram juntos: o "calorímetro de gelo". Àquela altura, Lavoisier estava versado na teoria de Joseph Black do calor latente, que serviu de inspiração para a máquina nova. O recipiente mais interno do calorímetro de gelo estava contido em dois recipientes externos aninhados, ambos repletos de gelo. O círculo do meio estava isolado do ambiente externo pelo gelo no recipiente mais externo. O calor produzido pela reação no recipiente mais interno (que podia ser combustão, mistura ou respiração) era medido em termos do volume de gelo derretido extraído do círculo do meio.

Os experimentos com o calorímetro de gelo, no inverno de 1782-3, respaldaram a idéia de que a respiração era uma forma de combustão. Laplace e Lavoisier conseguiram mostrar que tanto o carvão queimando como porquinhos-da-índia respirando consumiam oxigênio e produziam ar fixo (dióxido de carbono), enquanto irradiavam calor medido pelo volume de gelo derretido. O "Ensaio sobre o calor" resultante desse programa experimental foi apresentado à academia em junho de 1783. O trabalho foi significativo a longo prazo como um passo no caminho da definição dos mecanismos pelos quais os mamíferos conservam uma temperatura corporal constante, e em termos mais gerais no estabelecimento de técnicas para a medição do calor, que mais tarde se mostrariam importantes para a química e a física. O que mais interessava a Lavoisier, porém, era um meio de medir o calórico, ou fogo fixo.

O efeito líquido de diferentes experimentos com diversas substâncias em numerosas situações estava levando Lavoisier à conclusão de que a calcinação, respiração e combustão eram todas variações do mesmo processo químico consumidor de oxigênio. O oxigênio era o elemento irredutível descoberto na decomposição do ar. Lavoisier procurou descobrir algo análogo na decomposição de outro dos quatro elementos aristotélicos. Se um componente do ar podia se fixar nos corpos, por que não um componente do fogo?

> Claro que me perguntarão o que quero dizer com matéria do fogo. Respondo, com Franklin, Boerhaave e um grupo de filósofos da Antiguidade, dizendo que a matéria do fogo ou luz é um fluido mui elástico e mui sutil que cir-

> cunda todas as partes do planeta onde vivemos, que penetra com maior ou menor facilidade em todos os corpos de que se compõe, e que tende, quando livre, a se distribuir uniformemente em tudo.[48]

Essa hipótese constituía uma alternativa à teoria do flogístico, por funcionar "sem pressupor a existência de qualquer fogo ou flogístico material nas substâncias combustíveis".[49] O sistema de Stahl sustentava que objetos em combustão perdiam flogístico (um material com peso), enquanto metais refinados o adquiriam — mas metais calcinados perdiam flogístico, embora ganhassem peso. Durante anos, Lavoisier tivera em mira essa contradição. Agora se sentia confiante o suficiente para dizer que, se sua própria explicação funcionasse, "o sistema de Stahl será abalado em seus fundamentos".[50] O que mais desagradava a Lavoisier na doutrina de Stahl era que suas provas "inevitavelmente caem em um círculo vicioso. Elas precisam responder que os corpos combustíveis contêm fogo material porque queimam e que eles queimam porque contêm fogo material. Obviamente, em última análise, isso equivale a explicar a combustão pela combustão".[51] O raciocínio circular foi a primeira coisa que Lavoisier achou censurável em seus primeiros estudos de química.

A distinção entre a doutrina arraigada de Stahl e a emergente de Lavoisier continuava um tanto difícil de perceber. Qual era a diferença entre o flogístico e o calórico ou matéria do fogo de Lavoisier? Naquele estágio, a diferença estava ligada ao local: enquanto o flogístico supostamente se encontrava em sólidos, a matéria do fogo se encontrava no ar, combinando-se com as substâncias para aumentar a elasticidade delas (uma propriedade real do calor), reação que convertia os sólidos em líquidos e os líquidos no estado de vapor. Concebendo sua matéria do fogo como um fluido, Lavoisier supôs que ela dissolvesse substâncias diferentes da mesma forma como a água dissolve sais e os ácidos dissolvem metais. A hipótese nova eliminou a proposição difícil de que objetos inflamados ou em processo de calcinação ganhavam peso ao mesmo tempo que perdiam flogístico. Em seu lugar, postulou que a combustão e a calcinação envolviam a fixação da "base de ar puro". Lavoisier estava ciente, porém, de que as provas desse aspecto de sua teoria em evolução ainda eram poucas. Os experimentos realizados com Laplace e o calorímetro de gelo pretendiam estabelecer uma técnica de isolar e quantificar o calórico, mas o calor (o verdadeiro objetivo desses experimentos), por ser menos substancial do que Lavoisier acreditava, até certo ponto lhes escapou.

No início do verão de 1783, Lavoisier e Laplace conseguiram realizar um experimento bem mais conclusivo: a síntese da água (H_2O). O hidrogênio havia sido descoberto por outro cientista inglês, Henry Cavendish, em 1766 — como o oxigênio, um gás que queimava, daí Cavendish denominá-lo "ar inflamável". Lavoisier realizara experimentos com a queima de hidrogênio já em 1774, acreditando que a reação fixaria ar, mas por não ter a mínima idéia de que aquela reação produziria água, e como seu aparato usava água para aprisionar os gases, não conseguiu entender os resultados.

Mais tarde, depois de concebido *le principe oxygine* como o princípio acidificante, Lavoisier esperou que a combustão de hidrogênio formasse um ácido. Isso não ocorreu. Em 1781, Priestley, com outro inglês, John Waltire, observaram que o hidrogênio em combustão, combinado com o ar atmosférico, deixava umidade dentro do frasco. Mas, para Priestley, esse resultado provava que o "ar inflamável [hidrogênio] não passa de flogístico".[52] Em 1783, Cavendish sintetizou água em um experimento semelhante, e explicou o resultado de forma complicada com base no flogístico.

Em junho de 1783, Lavoisier e Laplace apontaram jatos de hidrogênio e oxigênio para dentro de uma cuba pneumática com mercúrio, em vez de água, para vedar o balão de vidro, conter melhor os gases solúveis em água e permitir a medição do líquido que acreditavam que o experimento produziria. A substituição de água pelo mercúrio na cuba corrigiu a falha dos esforços anteriores de Lavoisier de medir a combinação de hidrogênio e oxigênio. Dessa vez, ele deve ter previsto que o resultado poderia ser água. Ele e Laplace queimaram a mistura de hidrogênio e oxigênio — estabelecendo a proporção correta em busca da chama mais brilhante — e coletaram água do receptáculo de vidro vedado pelo mercúrio. As medições subseqüentes não foram perfeitamente precisas, mas Lavoisier se sentiu bastante confiante para declarar, em 25 de junho, que

> quando se queima um pouco menos de duas partes de ar inflamável aquoso sob um balão de vidro com uma parte de ar vital, presumindo que ambas sejam perfeitamente puras, a totalidade dos dois ares é absorvida, e na superfície do mercúrio encontra-se uma quantidade de água de peso semelhante ao dos dois ares usados.[53]

Naqueles anos, os irmãos Montgolfier vinham realizando experiências com balões de ar quente, enquanto o físico Jacques Charles competia com balões cheios de hidrogênio. Lavoisier se interessou por essas aventuras com balões, e aproveitou para pesquisar vários métodos de produção em massa de hidrogênio. Jean-Baptiste Meusnier, um físico e engenheiro que Lavoisier havia consultado sobre vários problemas técnicos desde seus primeiros estudos do suprimento de água parisiense, ajudou nessa façanha.

Em 1785, Lavoisier retornou aos experimentos sobre a composição da água. Com ajuda de Meusnier, projetou instrumentos novos superimpressionantes: dois gasômetros, cada um ligado a um frasco de combustão. Com seus volumes precisamente regulados pelos gasômetros, hidrogênio e oxigênio fluíam para o recipiente de combustão, onde eram inflamados por uma centelha elétrica e sintetizados em água. O procedimento de análise não era menos espetacular: a água que gotejava para dentro de um cano de espingarda de ferro em brasa se decompunha em oxigênio e hidrogênio, este último coletado em uma cuba pneumática com água. Como Meusnier e Lavoisier haviam desenvolvido o procedimento para acumular hidrogênio para balões, deixavam o oxigênio se dissipar.

O preço do aparato para esses experimentos foi igualmente espetacular. Um dos dois gasômetros custou, sozinho, o equivalente a 250 mil dólares atuais. Mas ninguém pode negar que valeram o investimento, pois eram ultraprecisos, maravilhosamente eficientes e muito bem projetados e realizados — o que a Revolução Industrial emergente tinha de melhor a oferecer. Que contraste entre Lavoisier, com seu equipamento impressionante, e o mais reservado e menos próspero Scheele, que nem sequer dispunha de um vidro ustório adequado para consolidar sua descoberta do oxigênio. Demonstrações na escala da análise e síntese da água de Lavoisier deixavam qualquer concorrente para trás.

As demonstrações públicas às vezes explosivas de Rouelle haviam mostrado a Lavoisier o valor da dramatização, lição esta reforçada nas experiências ao ar livre, no centro de Paris, com as enormes lentes ustórias de Tschirnhausen. Observada por um público internacional de mais de trinta cientistas, sua análise e síntese da água foi tão majestosa, em seu estilo, como a visão de balões de hidrogênio subindo do Campo de Marte parisiense. Ela exerceu o efeito desejado sobre um observador inglês, Arthur Young, que relatou:

> É uma invenção magnífica. O sr. Lavoisier, quando elogiei sua estrutura, me disse: *Mais oui, monsieur, et même par un artiste Français!* [Sim, senhor, e até por um artista francês!] como que admitindo a inferioridade em geral dos artistas franceses em relação aos nossos.[54]

Se Lavoisier pretendeu ser autodepreciativo, podia se dar ao luxo desse gesto, já que a análise e a síntese da água anunciavam, em uma escala majestosa, o domínio absoluto de sua nação na agora denominada "Nova Química Francesa". Quanto à conclusão científica, pôde ser sucintamente enunciada: "A água não é um elemento, compõe-se, pelo contrário, de dois princípios bem distintos: a base do ar vital e a do gás hidrogênio; e [...] esses dois princípios entram em uma relação aproximada de 85 para 15, respectivamente".[55]

Gasômetro de Lavoisier desenhado por madame Lavoisier.

Com seu trabalho sobre minerais e minérios, a decomposição e a recomposição do ar, e a análise e síntese da água, Lavoisier havia — literalmente — demolido três dos quatro elementos aristotélicos. Essas descobertas, e sua inserção cada vez mais confiável num contexto teórico em expansão, eram suficientes para que ele cumprisse a promessa, feita para si mesmo dez anos antes, de uma revolução em química.

Entre os elementos da Antiguidade, apenas o fogo resistia à sua análise. Do ponto de vista moderno, é compreensível que ele não conseguisse apreendê-lo. Entretanto, em 1785, Lavoisier estava totalmente preparado para desmantelar o flogístico. De fato, a maior parte do trabalho experimental para isso já se realizara. Dali para a frente, a derrubada da teoria do flogístico seria um esforço político.

Retrato dos Lavoisier feito por David.

CAPÍTULO 4
A REVOLUÇÃO QUÍMICA

Em 1788, David, o príncipe da pintura neoclássica do século XVIII, entregou um retrato de corpo inteiro de monsieur e madame Lavoisier aos seus clientes. À primeira vista, é Marie-Anne Lavoisier quem domina a cena. Monsieur Antoine Lavoisier está, na verdade, ligeiramente à sua sombra, cabeça erguida e desviada de seus papéis, como se sua atenção acabasse de ser perturbada pela chegada da esposa a seu lado, a mão esquerda dela repousando levemente sobre o ombro do marido e a mão direita roçando a renda em torno do pulso da mão com que Lavoisier está escrevendo, nós dos dedos apoiados na toalha vermelho vivo da mesa. Lavoisier está vestido de maneira rica, mas sóbria, todo de preto, salvo a renda branca costumeira nos pulsos e garganta e a fivela prateada do sapato. Na verdade, parece estar fazendo uma mesura com as pernas à moda cortesã do século XVIII, mas da cintura para cima transmite uma concentração intelectual raramente rompida, na qual logo voltará a submergir.

Seus olhos estão fixos em sua mulher; só ela dirige o olhar ao observador — como se tivesse acabado de nos perceber, mas nem um pouco desconcertada com nossa presença. Seu vestido, cuja musselina branca e simples chega até o chão, preso com uma faixa azul, capta e ancora a luz que emana da parte superior esquerda da moldura. A composição de David atinge o repouso no rosto dela, que, cheio de calma, vem ao encontro de nosso olhar. Marie-Anne Lavoisier está com trinta e poucos anos; o rubor inicial da juventude se desvaneceu, mas ainda é um rosto atraente, cujos traços expressam inteligência, força de vontade e a paciência para aplicar com persistência essas duas primeiras qualidades.

David era, entre outras coisas, um ativo pintor do teatro, e o retrato dos Lavoisier, embora longe de operístico, dá a impressão de uma cena teatral. Os Lavoisier foram captados em movimento, conquanto seu movimento seja tranqüilo e contido: a imagem é um instantâneo de um casamento que subordinou a intimidade e afeição às necessidades de uma parceria intelectual. Marie-Anne repousa suavemente sobre o ombro do marido, em uma pose doméstica familiar, mas seu braço direito está mais vigorosamente estendido até a mesa, reforçando a mão de Lavoisier, que segura a pena. A mão esquerda dele se eleva num gesto interrogativo, seus lábios estão entreabertos, como que para falar. Ele fita a mulher em busca de apoio, conselho, a resposta a uma pergunta — de alguma coisa. Enquanto ele nos ignora, ela nos lança um olhar firme mas indiferente. Sentimos que no próximo momento os dois terão retornado ao trabalho.

David captou os Lavoisier em seu apogeu — no auge de suas realizações e do reconhecimento que estas haviam conquistado. Antoine Lavoisier atingira sua proeminência máxima no serviço público, poderoso no planejamento urbano parisiense, na economia nacional francesa, na reforma da agricultura e em uma indústria química emergente. Em ciência pura, geralmente reconhecido como o teórico que havia organizado o que todos agora denominavam a revolução química. Marie-Anne era seu apoio constante em todos os seus avanços científicos. A partir de 1777, ela e alguns outros alunos selecionados assistiram a cursos de química ministrados por Jean-Baptiste

Bucquet no laboratório do Arsenal de Lavoisier, tornando-se assim ela própria competente para servir ao marido como assistente de laboratório, revisora dos ensaios e relatos dele e tradutora de tratados químicos de outras línguas para o francês. O retrato de David parece mostrá-la ajudando-o na correção de algum manuscrito.

Em 1786, Marie-Anne iniciara cursos de desenho e pintura com o próprio David. Dois desenhos sobrevivem dessas lições, ambos com comentários manuscritos de David. Num estudo a carvão meticuloso de um busto de Antínoo, ele anotou o comentário "muito bom" três vezes. Um estudo à ponta de cobre de um nu clássico está marcado com a frase: "Até agora, eu não poderia estar mais satisfeito". O elogio de David não foi totalmente desinteressado; seu preço pelo retrato dos Lavoisier foi de 7 mil libras — montante superior ao obtido por pintores que trabalhavam para o rei da França. As obras de arte sobreviventes de madame Lavoisier revelam competência, mas sem grandes dons. A única pintura que ela sabidamente completou — um retrato de Benjamin Franklin presenteado a ele em 1788 — suscitou esta reação do presenteado: "Aqueles que o viram declaram que a pintura tem grande mérito e é digna de consideração, mas o que a torna cara para mim, acima de tudo, é a mão que segurou o pincel".[1]

Em seu retrato do casal Lavoisier, David coloca uma pasta da artista sobre uma poltrona atrás de Marie-Anne, indicando que sua capacidade como desenhista era parte importante de seu repertório. Antoine Lavoisier muitas vezes expressava suas idéias em evolução por esboços grosseiros; os refinamentos desses desenhos toscos podem bem ter ajudado a clarear seus pensamentos. Lavoisier esboçava equipamentos que queria que fossem construídos; sua mulher fornecia imagens bem mais meticulosas e exatas do aparelho, uma vez que ele já tivesse sido criado, cumprido seu papel e revelado sua finalidade. As treze gravuras da edição de 1789 do *Traité élémentaire de chimie* são dela.

Dois desenhos em sépia, de mais ou menos 1790, proporcionam uma imagem gráfica singular do ambiente do laboratório do Arsenal no pico de sua produtividade (bem como o único registro dos instrumentos usados em experimentos sobre a respiração humana que Lavoisier realizou naquela época). A influência de David é evidente nessas composições, baseadas na simetria neoclássica. Madame Lavoisier retrata o marido em poses semi-heróicas, como líder de seus diversos auxiliares e mestre de sua cobaia humana (Armand Seguin, um químico mais jovem, cuja cabeça está coberta por uma máscara e capuz que direcionam sua respiração, através de um tubo comprido, ao aparelho). Ela se inclui em ambos os desenhos, em seu papel importantíssimo de registrar os dados experimentais. Nos dois, ela é periférica à composição, mas ao mesmo tempo essencial ao seu equilíbrio.

Nesses aspectos, Marie-Anne Lavoisier parece ter sido uma esposa quase perfeita — conquanto jamais se tornasse mãe —, uma parceira e colega de pesquisas ideal. O norte-americano Gouverneur Morris, que passou algum tempo com os Lavoisier no outono de 1789, registrou: "Madame parece uma mulher agradável. Ela é toleravelmente bonita, mas sua conduta dá a entender que seu forte é a compreensão, mais do que a pessoa".[2] Esse elogio pode parecer um tanto pálido, mas mesmo assim Morris se mostrou galante para com sua nova conhecida: "Quando ela me contou que não tinha filhos, critiquei, brincando, a sua preguiça, ao que ela respondeu que foi falta de sorte".

A única assimetria na imagem cuidadosamente controlada que Marie-Anne Lavoisier apresentava ao mundo foi o longo caso amoroso, iniciado em 1781, com o amigo e colega de Lavoisier, Pierre-Samuel Dupont, que era, como Franklin e muitos outros luminares da ciência, uma visita freqüente no salão de Lavoisier. Catorze anos mais velho que a esposa, Lavoisier parece ter sido, em certos aspectos, um marido ausente. Marie-Anne preferia Paris às propriedades rurais, onde o marido passava períodos cada vez maiores. Dupont era mais mundano, mais charmoso para as mulheres e provavelmente mais inclinado aos prazeres carnais do que o distraído teórico da química. Tais casos amorosos eram comuns na época, e a sociedade francesa do século XVIII os tolerava. Mas Marie-Anne Lavoisier parece ter sido incomumente discreta sobre o dela. Na década de 1780, ela comparecia a palestras científicas noturnas oferecidas nas Tulherias, e cultivava o hábito curioso de chegar de carruagem mas partir a pé — e o caminho de volta ao apartamento deles, no Arsenal, era longo. Um observador, o barão de Frénilly, atribuiu esse comportamento à penúria, mas dada a grande riqueza dos Lavoisier, tal explicação parece improvável. Os biógrafos agora acham mais verossímil que seus passeios noturnos solitários fossem um meio de desaparecer dos olhos dos amigos rumo aos braços do amante. O relacionamento permaneceu secreto durante a vida dela, sendo descoberto depois pelas cartas escritas por Dupont.

Se olhamos para o retrato de David sabendo desse fato, encontramos suspeitas nos olhos erguidos de Lavoisier? O caso amoroso já durava sete anos, mas a discrição de Marie-Anne pode ter protegido o marido de qualquer desconfiança de sua existência. Sua expressão e atitude no retrato costumam ser interpretadas mais como uma variação sobre o tema convencional do poeta inspirado pela musa. Se Lavoisier teve suas próprias amantes durante aqueles anos de grande sucesso, não se sabe. Se tivesse, seria algo totalmente convencional, mas não há sinais disso. Ele parece ter tido pouca ou nenhuma inclinação para aventuras daquela espécie. E estava tão extremamente ocupado que mal sobrava tempo para um flerte.

Os outros acessórios da cena do retrato de David são todos científicos. Talvez a pedido dos retratados, o artista teve o cuidado de representar os instrumentos usados para realizar a revolução química, muitos dos quais Lavoisier ajudou a projetar. No chão, junto ao elegante sapato de Lavoisier, vê-se um frasco muito parecido com aquele empregado na síntese da água. Parcialmente oculto pelo vidro desse recipiente, o hidrômetro de latão que Lavoisier remodelara para a medição da densidade dos líquidos. O biógrafo Jean-Pierre Poirier observa que essas posições devem ter sido impostas pelo artista, já

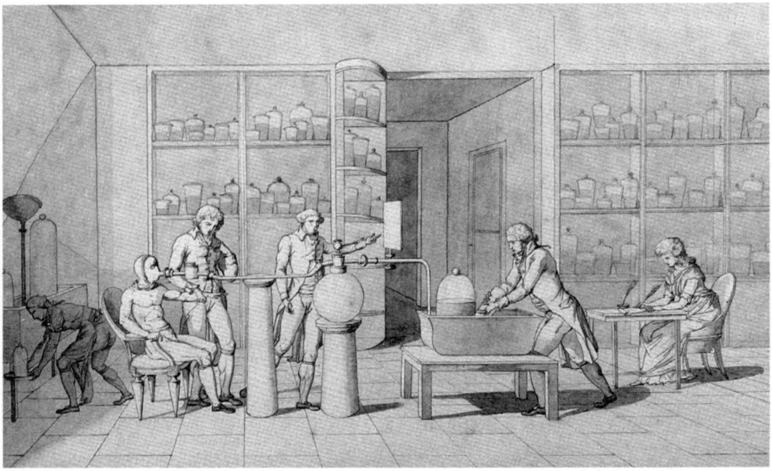

Desenho de madame Lavoisier de um dos experimentos do marido com a respiração, desta vez com uma cobaia em repouso.

que o meticuloso Lavoisier jamais deixaria seus instrumentos tão descuidadamente espalhados pelo chão.

O gasômetro retratado junto ao tinteiro de Lavoisier é um modelo mais antigo do que aquele usado na síntese definitiva da água em 1785, e também bem menor — bem mais conveniente de incluir nesse ambiente de sala. Sua presença, junto com o tubo de mercúrio mais estreito do lado, pretende lembrar ao observador a descoberta da liberação de oxigênio do *mercurius calcinatus*. Na beira da imagem, em parte eclipsada pela moldura, uma versão lavoisieriana do dispositivo pneumático de Hales: uma campânula de vidro com água, invertida em uma vasilha de porcelana. Dos instrumentos mais vitais aos experimentos cruciais de Lavoisier, falta apenas a balança de pratos. Talvez David não a achasse visualmente atraente, ou estivesse sendo usada em outro lugar.

Supõe-se que o texto que Lavoisier estava corrigindo, até ser momentaneamente interrompido, fosse o *Traité élémentaire de chimie*, e acredita-se que a pasta atrás de madame Lavoisier contenha as treze gravuras que ilustraram aquela obra, realizadas sob a orientação de David. Os instrumentos sobre a mesa e no chão estão dispostos na mesma ordem em que os experimentos-chave nos quais foram usados são apresentados no *Traité*. David pretendia expor o retrato no Salon de 1789, ano da publicação do *Traité élémentaire de chimie*. E a pintura é um documento visual tão fidedigno quanto o tratado o é verbalmente. O texto e a imagem reforçam um ao outro — enviando a mensagem, em todas as mídias disponíveis, de que a revolução química se consolidou, com Antoine Lavoisier à sua frente.

O bastião que a revolução química tivera que derrubar primeiro foi o flogístico. Lavoisier havia sondado levemente suas fortificações muitas vezes, antes de 1785. No início da década de 1780, após seu sucesso com a composição da água, seus ataques se tornaram mais agressivos:

> Essa entidade, introduzida na química por Stahl, longe de ter trazido luz a ela, parece ter criado uma ciência obscura e ininteligível para quem não fez um estudo altamente especializado dela; é o *deus ex machina* dos metafísicos: uma entidade que explica tudo e não explica nada.[3]

Naquele estágio do desenvolvimento da química, a crítica era totalmente razoável: os teóricos que se baseavam na hipótese de Stahl haviam investido o flogístico de tantas características contraditórias que Lavoisier podia se sentir facilmente justificado em denunciá-lo como um *deus ex machina*. Dizer ainda que o flogístico era o *deus ex machina dos metafísicos* era acusá-lo de não ser uma solução racional, mas mágica. O flogístico havia se tornado um mecanismo facilitador para o tipo de raciocínio circular que despertara as suspeitas de Lavoisier desde as primeiras explorações da química de sua juventude.

Ali as linhas de batalha foram traçadas. Em junho de 1795, Lavoisier leu, para uma assembléia da Academia de Ciências, trechos de seu *Réflexions sur la phlogistique*. Ele acusou:

> Os químicos fizeram do flogístico um princípio vago, sem nenhuma definição rigorosa, e que portanto se adapta a quaisquer explicações em que querem incluí-lo; às vezes, esse princípio é pesado, e outras vezes não é; às vezes, está livre de fogo, e outras vezes é fogo combinado com o elemento terroso; às vezes, passa pelos poros dos recipientes, outras vezes estes são impenetráveis a ele; explica de uma só vez causticidade e não-causticidade, translucidez e opacidade, cores e ausência delas. É um verdadeiro Proteu, que muda de forma a cada segundo. Chegou a hora de trazer a química de volta a uma forma de raciocínio mais rigorosa [...] de distinguir o que é fato e observação do que é sistemático e hipotético.[4]

Na última frase, vislumbra-se de novo um paradoxo recorrente no pensamento de Lavoisier: embora suas maiores realizações fossem na teoria, ele sempre se mostrava fundamentalmente desconfiado da tendência de um sistema de descartar ou distorcer os fatos experimentais a favor de sua própria coerência interna. Na verdade, em seus estágios iniciais, as próprias teorias de Lavoisier foram às vezes culpadas desse erro. Em seu ensaio de 1777 sobre a combustão, ele lutara abertamente com o problema.

> Por mais perigoso que seja o espírito dos sistemas na ciência física, também é de se temer que o empilhamento desordenado de uma grande quantidade de experimentos obscureça, em vez de esclarecer, a ciência; que, assim, se dificulte o acesso aos que se apresentam no limiar; que, em suma, se obtenha como recompensa de esforços longos e penosos nada além de desordem e confusão. Fatos, observações, experimentos são os materiais de um grande edifício. Mas ao reuni-los não devemos sobrecarregar nossa ciência. Devemos, pelo contrário, nos dedicar a classificá-los, a distinguir quais pertencem a qual ordem, em cada parte do todo ao qual pertencem.[5]

No verão de 1785, em suas *Réflexions sur la phlogistique*, Lavoisier sentiu-se confiante o bastante "para mostrar que o flogístico de Stahl é imaginário e sua existência nos metais, enxofre, fósforo e todos os corpos combustíveis, uma suposição infundada, e que todos os fatos da combustão e da calcinação são explicados, de forma bem mais simples e fácil, sem o flogístico".[6] Isso significa que, ao se reunirem seus "fatos, observações, experimentos" na estrutura de uma nova ordem, uma explicação superior (porque mais simples) dos fenômenos sob discussão emergiria.

Com afirmações como esta, Lavoisier parecia estar cortando com a navalha de Occam, embora não se saiba se teve contato direto com esse "princípio da parcimônia". A navalha de Occam não costumava fazer parte do kit de ferramentas dos cientistas do século XVIII, mas a refutação de Lavoisier da teoria do flogístico constitui um exemplo clássico de sua aplicação. No século XIV, Guilherme de Occam propusera que todo raciocínio deveria derivar do mínimo necessário de premissas — um conceito que refreava a tendência inata das teorias de se complicarem. Deve-se lembrar que o próprio Stahl aplicara a idéia corporificada da navalha de Occam quando simplificou a miríade de fantasias alquímicas sobre a combustão com sua hipótese do flogístico. E Lavoisier sempre deixou claro que seu ataque ao flogístico não pretendia ser um ataque a Stahl. Lavoisier estava livrando a teoria química de mais entulho, mostrando que a química podia ser mais clara e simples sem o flogístico.

Na conclusão de *Réflexions sur la phlogistique*, Lavoisier observou (com o sangue-frio que caracterizou muitas de suas manobras de maior risco):

> Vejo com grande satisfação que os homens jovens, que estão começando a estudar a ciência sem preconceito, e geômetras e físicos, que trazem mentes frescas para os fatos químicos, já não acreditam no flogístico no sentido atribuído por Stahl, e consideram a doutrina inteira mais um estorvo do que uma ajuda para se estender a tessitura da ciência química.[7]

Fazer essa afirmação diante da Academia de Ciências foi mais ou menos como atirar seu chapéu por sobre as muralhas de uma fortificação inimiga — comprometendo-se assim a recuperá-lo com glória ou perecer na tentativa. Na verdade, no verão de 1785, Lavoisier ainda não havia convertido ninguém influente ao que logo se tornaria a notória doutrina "antiflogístico".

Um ponto vulnerável da teoria antiflogístico de Lavoisier era que os críticos conseguiam descartá-la (nos termos da diatribe de Marat) como nada mais do que uma variação sobre o tema do flogístico. A teoria de Lavoisier conservava o conceito de calórico, ou matéria do fogo, junto com o fato material do oxigênio — a diferença principal entre sua teoria e a de Stahl era que esta última localizava a matéria do fogo em materiais combustíveis, enquanto Lavoisier a instalou no oxigênio. Muitos críticos logo alegaram que as *Réflexions sur la phlogistique* de Lavoisier pouco mais fizeram do que recitar a teoria de Stahl de trás para diante, como sagradas escrituras invertidas em uma Missa Negra.

A oposição organizada veio da Inglaterra, onde Priestley, não sem justificação, ainda se queixava da apropriação, por Lavoisier, da descoberta do oxigênio. Em 1787, o químico irlandês Richard Kirwan, colega de Priestley na Royal Society, publicou *An essay on phlogiston and the constitution of acids*. Como Lavoisier tendera a fazer no caso de Priestley, Kirwan curvou-se respeitosamente na direção dos experimentos de Lavoisier, depois lançou um ataque à sua teoria. A contra-interpretação de Kirwan dos resultados de Lavoisier (muitos dos quais, como o irlandês sarcasticamente observou, já haviam sido obtidos por Priestley, Cavendish e Adair Crawford) foi que o fato de que metais em contato com ácidos exalavam gases combustíveis provava a existência do flogístico. Kirwan decidiu identificar o hidrogênio com o flogístico, e passou grande parte de seu livro tentando estabelecer a presença de hidrogênio/flogístico em todas as substâncias combustíveis. Ele terminou reconhecendo que a "hipótese antiflogístico" de Lavoisier era "recomendável em sua simplicidade",[8] embora a desmerecesse como "mais arbitrária em sua aplicação, e menos respaldada pelas regras gerais do raciocínio filosófico" do que a teoria do flogístico de Stahl.

O contra-ataque de Kirwan teve sucesso inicial na Inglaterra, Alemanha e Suécia. A primeira reação do lado de Lavoisier foi a tradução, por Marie-Anne Lavoisier, da obra para o francês. Essa providência, embora absurda à primeira vista, mostrou-se perspicaz no final.

Laplace, o matemático que passara vários anos ajudando Lavoisier a projetar equipamentos e calcular resultados, foi um adepto inicial da nova doutrina antiflogístico. Outros matemáticos vieram com ele: Jacques Cousin e Alexandre Vandermonde. Antoine Fourcroy, um jovem químico que costumava trabalhar no laboratório do Arsenal de Lavoisier e participava das discussões teóricas ali, foi um convicto prematuro, ou quase convicto.

Com a morte de Bucquet (o professor de química de madame Lavoisier), Fourcroy assumiu os cursos de química dele. Durante algum tempo, tentou ensinar a teoria de Lavoisier junto com a de Stahl, mas gradualmente deixou que a nova teoria substituísse a antiga. Como Rouelle fizera antes, Fourcroy ofereceu cursos de química ao público em geral no Jardin du Roi e, por meio de suas aulas, mostrou-se mais influente que qualquer outro na popularização da doutrina antiflogístico.

Claude-Louis Berthollet, um químico influente que trabalhara estreitamente com Lavoisier nos projetos dos balões e no comércio de pólvora, fez uma declaração pública de apoio à nova teoria também, e seu prestígio ajudou a atrair outras pessoas para o lado de Lavoisier, incluindo Gaspard Monge e Jean-Antoine Chaptal. Guyton de Morveau, então ocupado com um dicionário de química, oscilou entre as duas teorias. Lavoisier, Monge e Fourcroy viajaram a Dijon para tentar conquistá-lo para o lado deles, enquanto Kirwan, por carta, lutou para mantê-lo fiel ao flogístico.

A oposição a Lavoisier permaneceu poderosa. Químicos mais velhos como Macquer relutavam em abandonar o flogístico. Jean-Claude de Lamétherie, um oponente fervoroso da nova química, em 1785 tornara-se editor da publicação científica mais influente da França, o *Journal de Physique*, de Jean-François Pilatre de Rozier. A resposta de

Richard Kirwan foi arregimentar partidários do flogístico em toda a Europa, especialmente na Alemanha e Inglaterra, onde a oposição às inovações francesas assumia uma dimensão nacionalista.

No início de 1788, Lavoisier e seus aliados reagiram com uma manobra de sofisticação maquiavélica. Eles próprios publicaram uma edição francesa do *Essay on phlogiston*, de Kirwan — acompanhada de uma refutação multifacetada. Para aquele volume, Lavoisier, Berthollet, Fourcroy, Monge e Guyton de Morveau contribuíram com artigos, em suas diferentes áreas de conhecimento, refutando a existência do flogístico. Durante outro ano, os ecos continuaram ressoando: em 1789, Kirwan publicou uma nova edição de seu livro que incluía os comentários franceses e um esforço por refutá-los. Suas tentativas, embora com certo sarcasmo eficaz, vinham claramente perdendo energia. Em 1791, Kirwan enfim desistiu do flogístico; a maioria dos outros químicos já o fizera.

O lado de Lavoisier iniciara outra ofensiva em 1787. A nova frente de batalha era lingüística, e as vitórias ali, conquanto lentas, foram as mais abrangentes. O projeto consistia em criar uma terminologia nova para expressar a Nova Química Francesa, e nesse processo o núcleo da aliança antiflogístico foi consolidado e fortalecido: Lavoisier, Fourcroy, Berthollet e (finalmente) Guyton de Morveau. Estendendo o mesmo raciocínio que dera origem ao nome do oxigênio (o primeiro neologismo e a primeira inspiração do projeto), os quatro resolveram reformar toda a nomenclatura química.

A expressão clara sempre fora tão importante para Lavoisier quanto o raciocínio, o procedimento e a análise lúcidos. Para ele, todas essas operações estavam interligadas.

> O intuito das línguas não é apenas (como se costuma acreditar) expressar idéias e imagens por meio de signos; elas são, além disso, verdadeiros métodos analíticos, com ajuda da qual avançamos do conhecido ao desconhecido.

> [...] Um método analítico é uma linguagem; uma linguagem é um método analítico, e estas duas expressões são, em certo sentido, sinônimas.[9]

Essa afirmação é um eco explícito e, sem dúvida, consciente de outro dos iluministas do século XVIII, Étienne Bonnet de Condillac, que escrevera: "A arte de falar, a arte de escrever, a arte de raciocinar e a arte de pensar são, no fundo, uma e a mesma arte. De fato, quando se sabe como pensar, como raciocinar e falar bem e escrever bem, nada mais resta senão falar como se pensa e escrever como se fala".[10] Esse quadro sinergístico das faculdades intelectuais exerceu uma tremenda influência sobre os professores, filósofos e cientistas na época em que Lavoisier e seus três companheiros iniciaram a invenção da nova nomenclatura química. Em abril de 1787, Lavoisier apresentou a idéia à academia:

> A palavra deve ocasionar o nascimento da idéia; a idéia deve retratar o fato; são três gravuras da mesma estampa. E como são palavras que preservam e transmitem idéias, o resultado é que é impossível melhorar a ciência sem melhorar sua linguagem.[11]

Eu sua introdução a *Méthode de nomenclature chimique*, Lavoisier explicou como, de acordo com Condillac, "a linguagem da álgebra pode ser traduzida para a língua vulgar e vice-versa; como o progresso da compreensão e julgamento é o mesmo em ambas; e como a arte de raciocinar é a arte de analisar".[12] Ali estava um caminho à matematização da química que Lavoisier vinha buscando na maior parte de sua carreira. Como escrevera Condillac em seu *La logique*, publicado originalmente em Paris em 1780,

> Analisar então não passa de observar as características de um objeto em uma ordem sucessiva para dar-lhes, em nossa mente, a ordem simultânea em que existem fora dele. Portanto a análise, que as pessoas pensam só ser conhecida pelos filósofos, na verdade é conhecida por todos; e nada ensinei ao leitor. Simplesmente fiz com que percebesse o que ele vive fazendo.[13]

Na visão de Condillac, o método de análise se aplicava universalmente à moralidade e à política, assim como a toda e qualquer coisa na esfera das ciências e filosofia natural, embora o *Méthode de nomenclature chimique* não tentasse chegar tão longe.

O que Lavoisier reconheceu, porém, foi que o método da análise "que precisa ser introduzido no estudo e ensino da ciência da química está intimamente associado à reforma da nomenclatura".[14] E ele via que a expressão correta do método analítico teria uma força irresistível:

> Uma linguagem bem-feita, uma linguagem em que tenhamos nos apossado da ordem natural e sucessiva das idéias, traz consigo uma revolução rápida e necessária na forma de ensinar; ela não permite que aqueles que professam a química se extraviem da marcha da natureza; eles devem rejeitar a nomenclatura ou seguir irresistivelmente o caminho que esta traçou.

Irresistível demais — qualquer usuário da nova nomenclatura francesa não teria outra opção senão aceitar a teoria antiflogístico na qual se baseava. A introdução de Lavoisier admitiu:

> Estamos muito longe de conhecer a extensão plena de todas as partes da química, mas contanto que tenha se baseado em bons princípios, contanto que seja um *método de nomear* em vez de uma *nomenclatura*, deve naturalmente se adaptar a descobertas futuras, e indicar de antemão o lugar e o nome das novas substâncias a serem descobertas, e não serão necessárias mais do que algumas reformas locais e particulares.[15]

O novo léxico químico não seria uma atribuição arbitrária de nomes a substâncias, como havia sido a maior parte da terminologia alquímica, e sim uma aplicação da linguagem para expressar relações químicas — linguagem como ferramenta analítica.

As substâncias simples, indecomponíveis, eram as primeiras a ser definidas. No topo da lista vinha a esquiva matéria do fogo, agora redefinida como "calórico" — o último traço residual da teoria do flogístico no novo sistema químico, pois Lavoisier e seus parceiros ainda teriam que reconhecer que o calor não era matéria, mas energia (embora em 1789 ele começasse a dizer que "não somos obrigados a considerar [o calórico] uma substância real"[16]). As ferramentas de análise haviam revelado as outras substâncias irredutíveis e, portanto, elementares: oxigênio, hidrogênio, azoto (nitrogênio), enxofre, fósforo, ferro, ouro, entre outras. As substâncias compostas eram expressas por neologismos cujo sufixo descrevia a característica de sua composição — assim, o sufixo de *nitrato de cálcio* revela um teor de oxigênio nesse sal maior do que no seu composto relacionado *nitrito de cálcio.*

Na juventude, Lavoisier teve contato com o sistema de classificação biológica de Lineu, ao praticar botânica com Bernard de Jussieu. Lineu classificou as plantas por uma técnica binomial em que uma palavra indicava o gênero e a outra, a espécie. Guyton de Morveau iniciara um esforço de importação do sistema para a química já em 1775. Ao sistema de classificação relativamente estático de Lineu, Lavoisier agora adicionou a noção de nomeação de Condillac como a aplicação de um método analítico.

Enquanto os nomes e termos anteriores na química haviam sido sobrepostos, pela teoria, aos fatos observáveis, os termos da nova nomenclatura derivavam da análise das substâncias, baseando-se, na maior parte, em resultados de laboratório explícitos e bem confirmados. Além disso, as novas definições de substâncias simples, elementares, trouxeram séculos de investigação da composição da matéria a uma conclusão quase definitiva. Doravante, o tema central da ciência não seria a composição, mas a mudança.

Com a ajuda da nova nomenclatura, combinada com o princípio da conservação da matéria, as análises químicas poderiam ser formuladas em termos algébricos. "Suponho que tenho de analisar um sal, do qual não conheço o ácido nem a base",[17] escreveu Lavoisier em um ensaio de 1787.

> Introduzo um peso conhecido desse sal numa retorta; despejo ácido vitriólico sobre ele e destilo; obtenho ácido nitroso no recipiente; concluo que o sal é nitrato.
>
> Mas qual mecanismo de raciocínio me levou a esse resultado? Um instante de reflexão logo o revelará. Antes de mais nada, está claro que, se eu quisesse realizar um cálculo exato das quantidades, teria de supor que o peso dos materiais empregados era o mesmo antes e após a operação e que apenas uma modificação ocorreu. Portanto, crio mentalmente uma equação em que os materiais existentes antes da operação formavam o primeiro membro, e aqueles obtidos após a operação formavam o segundo; e foi realmente pela resolução dessa equação que consegui obter o resultado.

Graças a esse procedimento algébrico, Lavoisier realmente identificou duas variáveis desconhecidas, ácido nítrico e álcali fixo, em seu processo de identificar o sal misterioso como nitrato — uma introdução da precisão matemática na química que teria alegrado o coração de seu antigo professor de química Lacaille.

Apesar de assiduamente cortejado por Lavoisier e seus aliados, Guyton de Morveau permaneceu um baluarte do flogístico por um bom tempo. Ao que tudo indica, foi a reforma da nomenclatura que enfim o atraiu à nova química expressa por ela. Guyton havia tentado algo semelhante em 1782 — um esforço pioneiro de criar classificações dentro do modelo de Lineu para a química. Ele já entendia o objetivo, e tornar-se o quarto colaborador do *Méthode de nomenclature chimique* forneceu um meio de alcançá-lo. Lavoisier havia apresentado a idéia de que os químicos "precisam rejeitar a nomenclatura ou seguir irresistivelmente o caminho que ela traçou".[18] A conversão de Guyton do flogístico à teoria do oxigênio foi uma prova prematura e importante dessa hipótese; outros seguiriam o exemplo, embora com certa dificuldade.

Em junho de 1787, os membros da academia, Baumé, Cadet, Jean Darcet e Balthazar Sage divulgaram um relatório sobre a nova nomenclatura, que atacava a teoria baseada no oxigênio de Lavoisier e defendia o flogístico. Baumé, um protagonista malsucedido na descoberta do oxigênio, talvez ainda estivesse irritado por ter sido passado para trás por Lavoisier. Uma crítica semelhante de Jean-Claude de Lamétherie foi publicada no *Journal de Physique*. Como muitos que resistiam às novas nomenclatura e teoria, Lamétherie achou condenável a própria idéia de criar sistematicamente uma nova terminologia: "Nada além do consenso geral, que se denomina *uso*, tem autoridade para mudar certos termos e substituí-los por outros".[19] A oposição dessa publicação foi tão problemática para Lavoisier e seus partidários que eles acabaram fundando uma revista concorrente: *Annales de Chimie*.

Aos oponentes da nova terminologia não passou despercebida a agenda não muito bem oculta de *Méthode*: quem usasse a nova nomenclatura também seria compelido, como um efeito colateral da adoção daquela linguagem, a aceitar na barganha a teoria ali expressa. Além disso, o afrancesamento da nova terminologia foi especialmente irritante aos observadores fora da França. Desse modo, Joseph Black criticou:

> Esses nomes foram evidentemente criados para se adequar ao gênio da língua francesa, em primeiro lugar, e depois para serem transformados nas palavras latinas; ou as palavras a serem usadas na língua latina foram cunhadas a partir de palavras francesas. Quando mudanças são assim introduzidas nos nomes de coisas que nos são familiares, acredito que a maioria das pessoas as acham *repugnantes* de início, devido ao choque e transtorno que provocam nos hábitos que formamos antes. Essas palavras francesas latinizadas me pareceram, de início, muito *rudes* e *desagradáveis*.[20]

Por mais hostil que parecesse, o comentário de Black foi também perspicaz; o "gênio" lingüístico que ele observou vinha moldando a literatura neoclássica de Corneille e Racine, bem como os textos dos enciclopedistas. O instrumento refinadamente racional em que a língua francesa vinha se tornando era ideal para a arquitetura da teoria. Na verdade, Black estava reagindo especificamente contra "aquele *desejo de teoria*", também denominado "mania de sistema".[21] Henry Cavendish também criticou "a impropriedade dos nomes sistemáticos e o grande dano que resultará do sistema [de Lavoisier] caso venha a ser adotado".[22] Do outro lado do Atlântico, Thomas Jefferson previu o fracasso da nova linguagem química francesa: "É prematura, insuficiente e falsa [...] e, de modo geral, creio que a nova nomenclatura será rejeitada após fazer mais mal do que bem".[23] Franklin, a quem Lavoisier entusiasticamente enviara uma cópia do *Méthode*, optou por mandar seus agradecimentos a madame Lavoisier em vez de ao marido, com a observação nitidamente evasiva: "Deve ser um livro bem útil".[24]

Foi estranho (e um tanto frustrante para os autores) que a nova nomenclatura conquistasse mais facilmente os matemáticos e físicos do que os químicos franceses. Na Inglaterra, o primeiro adepto de Lavoisier foi um teólogo, Edward King. Chaptal, que logo adotou a nova nomenclatura, olhou à sua volta e observou que a maioria de seus contemporâneos "deseja que a revolução chegue gradualmente".[25] Mas Chaptal, à semelhança de Fourcroy, era um professor, e a conveniência da nomenclatura para o ensino se mostraria um traço de sobrevivência muito forte. No final, até Joseph Black passou a ensiná-la.

Em 1786, quando Guyton de Morveau contribuiu com o primeiro de seus volumes sobre química para a *Encyclopédie méthodique*, ainda era fiel ao flogístico. Em 1789, sua conversão à teoria e terminologia do antiflogístico era tão completa que, na introdução ao segundo volume, fez uma afirmação pouco plausível de que todo o projeto da nomenclatura havia sido originalmente idéia sua. O texto cravou uma estaca no coração da teoria do flogístico, que (Guyton agora escreveu) havia sido útil na sua época — antes de ser definitivamente refutada por avanços na química pneumática, no final da década de 1770 e início da de 1780. Guyton reeditou uma versão atualizada da nova terminologia química (instalando-a, assim, numa obra de referência padrão) e reforçou-a com uma reiteração da afirmação de Lavoisier de que havia sido criado "*um método de nomear, em vez de uma nomenclatura*".[26] A previsão de Lavoisier de que o método se mostraria permanentemente válido na nomeação de substâncias novas pode ter parecido ousada na época — mas, de fato, o mesmo método *é* usado até hoje.

A nova nomenclatura química e a tradução francesa (e refutação) do desafio de Kirwan à teoria do oxigênio foram as duas grandes ferramentas de propaganda da revolução química. No prefácio à sua tradução da obra de Kirwan, Marie-Anne Lavoisier declarou, com uma satisfação especial:

> O estudo da química torna-se a cada dia mais geral, e seus avanços parecem mais particularmente rápidos desde que um filósofo, conhecido pela atenção escrupulosa com que realiza seus experimentos e pelo espírito filosófico com que conduziu suas observações, formou uma teoria nova, em que nada se admite além de fatos estabelecidos.[27]

Com essas frases de efeito, madame Lavoisier apresentou um retrato verbal de seu marido tão adulador, à sua maneira, como a pintura de David do casal cada vez mais famoso.

Mas o coroamento do arco teórico que Lavoisier e seus aliados vinham construindo foi o *Traité élémentaire de chimie* — a obra cujo manuscrito apareceu entre os outros ícones incluídos no retrato de David. Publicado originalmente em 1789, o texto consolidou as realizações da revolução química, bem no início da revolução política francesa.

O interesse inicial de Lavoisier pela química havia sido despertado por sua reação contra a forma confusa como era ensinada, quando deparou com ela como aluno do Collège Mazarin. Seu primeiro impulso havia sido reformar o método de *lecionar* química. No caminho rumo a esse objetivo, também alterara radicalmente todo o conteúdo da matéria. Mesmo assim, seu *Traité élémentaire de chimie* foi concebido e apresentado como um livro didático.

Seu prefácio incluiu uma crítica um tanto abstrata dos métodos anteriores de ensinar as ciências:

> Não é de admirar que, na ciência da física em geral, os homens tenham com freqüência feito suposições, em vez de formar conclusões. Essas suposições, transmitidas de uma época para outra, adquirem peso adicional das autoridades que as apoiaram, até enfim serem recebidas, mesmo por homens de gênio, como verdades fundamentais.
>
> O único método para impedir a ocorrência desses erros e corrigi-los quando formados é restringir e simplificar nosso raciocínio tanto quanto possível. [...] Não devemos confiar em nada além de fatos: estes nos são apresentados pela Natureza e não podem enganar. Devemos, em cada caso, submeter nosso raciocínio ao teste do experimento, e nunca buscar a verdade fora da estrada natural do experimento e observação. Desse modo, os matemáticos obtêm a solução de um problema pela mera disposição dos dados, e reduzindo seu raciocínio a passos tão simples e conclusões tão óbvias que nunca perdem de vista os indícios que os guiam.[28]

Essa passagem corporifica o gosto de Lavoisier pela precisão matemática, sua determinação em dar prioridade aos indícios experimentais e sua forte desconfiança em relação às idéias recebidas. Ele prossegue:

> Totalmente convencido dessas verdades, eu me impus, como uma lei, nunca avançar senão do conhecido para o desconhecido, nunca formar nenhuma conclusão que não seja uma conseqüência imediata fluindo necessariamente da observação e experimento; e sempre dispor os fatos, e as conclusões derivadas deles, numa ordem que facilite sua compreensão completa aos principiantes no estudo da química.[29]

Por mais direta que pareça, essa frase também é uma paráfrase bem próxima de uma passagem da *Logique*, de Condillac, contendo assim todas as implicações da aplicação universal da análise por Condillac. Lavoisier certamente pretendia que seu livro fosse útil aos estudantes principiantes de química, mas também sugeria que *todos* os químicos teriam de começar do zero, com uma concepção nova de todo o assunto — aquela que Lavoisier começara a elaborar quando terminou sua própria formação em química, vinte anos antes.

> Não é com a história da ciência, ou a mente humana, que devemos nos ocupar num tratado elementar: Nosso único intuito deve ser a facilidade e a clareza, e com o máximo cuidado manter fora de vista tudo que possa desviar a atenção do aluno; é uma estrada que deveríamos constantemente tornar mais suave, e da qual devemos nos esforçar por remover cada obstáculo que possa causar atraso.[30]

Entre os obstáculos assim removidos, estava qualquer referência a pontos de vista e teorias concorrentes da química; Lavoisier foi franco na admissão "de que enunciei apenas minha própria opinião, sem examinar a dos outros".[31] Se sua alegação de que "longas dissertações sobre a história da ciência, e as obras daqueles que as estudaram" teriam apenas produzido "uma obra cuja leitura seria extremamente cansativa aos principiantes"[32] foi um tanto insincera, o efeito simplificador de suas escolhas do que incluir e excluir foi certamente significativo.

O prefácio conclui com duas citações substanciais de Condillac — ambas extremamente enfáticas para a nova concepção de Lavoisier da química. A primeira dessas "observações" descreve o caminho do erro, e embora, como observa Lavoisier, tenha sido "formulada sobre um assunto diferente", serve como uma análise abstrata de como princípios errôneos se ocultaram na química — do período alquímico até a própria época de Lavoisier:

> Em vez de aplicar a observação às coisas que queremos conhecer, optamos por imaginá-las. Avançando de uma suposição infundada para outra, acabamos por nos confundir em meio a uma multiplicidade de erros. Esses erros, tornando-se preconceitos, são, é claro, adotados como princípios, e assim nos confundimos cada vez mais. O método, também, pelo qual conduzimos nosso raciocínio é igualmente absurdo; abusamos das palavras que não entendemos, e chamamos isso de arte do raciocínio.[33]

Para acabar com os preconceitos ocupando o lugar de princípios, Condillac propôs esta solução:

> Quando os erros se acumulam assim, só há uma solução para restaurar a ordem à faculdade do pensamento: esquecer tudo que aprendemos, retroceder nossas idéias até a origem, seguir a série em que elas surgem e [...] remodelar a compreensão humana.[34]

Ali estava um enunciado franco do projeto radical da revolução química. Lavoisier pretendia erradicar todos os conceitos equivocados acumulados antes de sua época e redefinir a ciência a partir do zero.

A nova clareza das idéias baseadas na observação deve ser expressa por uma linguagem elucidada de um modo novo. A citação conclusiva de Condillac por Lavoisier é outra descrição da simbiose de linguagem, pensamento e método científico:

> Mas, afinal, as ciências progrediram porque os filósofos se dedicaram com mais atenção a observar, e comunicaram à sua linguagem a precisão e acurácia empregadas em suas observações: Ao corrigir sua linguagem, eles raciocinam melhor.[35]

O conteúdo do *Traité* não era especialmente novo. Pelo contrário, era uma reiteração e reafirmação organizada de trabalhos que Lavoisier já havia realizado e de teorias que já havia anunciado. A terceira e última seção era quase toda técnica — descrevendo os métodos exatos para a repetição dos experimentos nos quais se baseava a nova teoria química. Essa seção foi ilustrada, de forma elaborada, com treze gravuras de Marie-Anne Lavoisier que retratavam os instrumentos do laboratório — a prova ocular de que a química de Lavoisier era a última palavra, o que havia de mais avançado em ciência.

Enquanto isso, a seção de abertura do *Traité élémentaire* repetiu o trabalho seminal realizado em química pneumática na década anterior — cobrindo a descoberta do oxigênio, a composição da água e a teoria da combustão de Lavoisier baseada no oxigênio. Essa seção também incluiu numerosas análises de óxidos e ácidos em termos de suas bases. Num capítulo sobre "a fermentação vinosa", Lavoisier (numa fala à parte aparentemente fortuita) formulou completamente, pela primeira vez na história da ciência, o princípio da conservação da matéria, que orientava todo seu método experimental:

> Podemos formular como um axioma incontestável que, em todas as operações da arte e natureza, nada se cria: uma quantidade igual de matéria existe antes e após o experimento; a qualidade e quantidade dos elementos permanece exatamente igual; e nada ocorre além de mudanças e modificações na combinação desses elementos. Deste princípio depende toda a arte de realizar experimentos químicos.[36]

Antes de Lavoisier, o empreendimento central da química havia sido a definição dos elementos básicos da matéria. Lavoisier, ao acentuar as "mudanças e modificações na combinação desses elementos", mudou a ênfase para a reação química. Dali para a frente, todas as formulações do que *é* a matéria se basearíam na combinação química.

Claro que Lavoisier vinha lutando por uma teoria abrangente dos elementos desde o início da década de 1770, mas sua menção ao assunto no *Traité élémentaire* foi, no início, quase desdenhosa:

> Tudo que se pode dizer sobre o número e a natureza dos elementos está, na minha opinião, limitado a discussões de natureza totalmente metafísica. O assunto só nos fornece problemas indefinidos, solucionáveis de mil maneiras diferentes, nenhuma das quais, com toda a probabilidade, compatível com a natureza. Portanto, acrescentei a esse assunto apenas que, se pelo termo *elementos* queremos expressar aqueles átomos simples e indivisíveis de que se compõe a matéria, é extremamente provável que nada saibamos sobre eles; mas se aplicarmos o termo *elementos*, ou *princípios dos corpos*, para expressar nossa idéia do último ponto que a análise é capaz de alcançar, temos de admitir, como elementos, todas as substâncias nas quais somos capazes, por quaisquer meios, de reduzir corpos por decomposição. Não que estejamos autorizados a afirmar que essas substâncias que consideramos simples não possam ser compostas de dois, ou mesmo um número maior de princípios; mas, como esses princípios não podem ser separados, ou melhor, como ainda não descobrimos os meios de separá-los, eles agem em relação a nós como substâncias simples, e jamais deveríamos supô-las compostas, até que o experimento e a observação tenham provado que são.[37]

No prefácio do *Traité*, essa passagem nitidamente cautelosa serve de ponte para uma discussão da nova nomenclatura química, que Lavoisier reiterou na segunda seção do livro (como fez Guyton de Morveau em sua introdução ao segundo volume da *Encyclopédie méthodique*). A segunda seção de Lavoisier toma a forma de uma série de tabelas listando substâncias, com seus nomes na nova nomenclatura junto com seus nomes no léxico químico antigo. Os elementos apresentados na "Tabela de substâncias simples" de Lavoisier (com as notáveis exceções de "Luz" e "Calórico") são, na maior parte, mantidos na tabela periódica moderna. Com todas as suas permutações, variações e elaborações, a teoria aristotélica dos quatro elementos passara agora para a história.

O ano de 1789 viu a publicação do *Traité élémentaire* de Lavoisier, do novo volume de Guyton de Morveau da *Encyclopédie méthodique*, com sua renúncia ao flogístico e afirmação da nova química, e de uma nova edição do *Élémens d'histoire naturelle et de chimie*, de Fourcroy, que também publicou a nova nomenclatura. Um ano depois, *Éléments de chimie*, de Chaptal, reafirmou a virtude dos nomes que deixavam clara a composição química das substâncias (numa clarificação adicional, ele mudou o incompatível nome "azoto" para "nitrogênio"). A criação dos *Annales de chimie* garantiu resenhas favoráveis para aquelas obras. Um número crescente de membros da comunidade científica abandonava seu flogístico para aderir à revolução química.

O próprio conceito de "revolução" de Lavoisier não era exatamente incendiário. O que ocasionou sua "revolução rápida e necessária" foi "uma linguagem bem-feita, uma linguagem na qual nos apossamos da ordem natural e sucessiva das idéias".[38] Se bem que radical em suas implicações, essa visão de revolução foi incomum por sua ordem e serenidade. Em sua famosa anotação no caderno de notas de 1773, Lavoisier abraçou a idéia de revolução científica com uma paixão mais ardente do que mostraria em 1789, quando a revolução química por ele instigada realmente equivaleu à criação de uma ordem nova e incontestável.

A revolução, como vista por Lavoisier, tinha a inevitabilidade majestosa de planetas girando em torno do sol. As ruas de Paris cobertas de sangue não faziam parte de sua visão. A substituição de uma ordem por outra já era para ele uma revolução. Ele não previa uma ordem sucedida pela anarquia.

Quatro exemplares do *Traité élémentaire* foram especialmente encadernados em couro vermelho para serem apresentados ao conde de Provença, conde de Artois e rei e rainha da França. Tratava-se de necessidades cerimoniais, embora Lavoisier as levasse a sério, queixando-se de que a aparência do volume não era tão elegante quanto deveria. Mais importante para o reconhecimento da Nova Química Francesa foi a apresentação a Benjamin Franklin (cuja reação a *Méthode de nomenclature chimique* havia sido apenas tépida).

Em fevereiro de 1790, Lavoisier enviou a Franklin, nos Estados Unidos, duas cópias do *Traité élémentaire*, acompanhadas de uma carta extremamente reveladora:

> Senhor e mui ilustre colega:
>
> O sr. de Coullens de Caumont, que está retornando aos Estados Unidos, teve a bondade de levar consigo dois exemplares de uma obra que publiquei aqui cerca de um ano atrás sob o título "Tratado sobre os elementos da química", um dos quais peço que aceite de bom grado, repassando o outro à "Sociedade" de Filadélfia.
>
> Em todos os tratados de química que foram publicados desde Stahl, os autores começaram formulando uma hipótese e tentaram mostrar que, com aquele dado princípio, todos os fenômenos da química poderiam ser explicados toleravelmente bem.
>
> Acredito, e um grande número de estudiosos atualmente concorda comigo, que a hipótese apresentada por Stahl, e desde então modificada, é errônea, que o flogístico no sentido em que Stahl entendeu a palavra não existe, e é principalmente para desenvolver minhas idéias sobre esse tema que realizei a obra que tenho a honra de lhe enviar.
>
> Procurei, como o senhor observará no prefácio, chegar à verdade por uma coordenação de fatos, suprimindo ao máximo a teorização, que é, amiúde, um instrumento falso e, muitas vezes, evitou que seguíssemos, tanto quanto possível, a luz da observação e do experimento.

Aqui Lavoisier explica seu método e abordagem de modo ainda mais claro e sucinto do que fizera no próprio *Traité*. Seu programa não era apenas revisar e substituir o conteúdo da química, mas inverter toda a direção do pensamento naquela disciplina — que não fluiria mais de hipóteses para fenômenos, e sim da "observação e experimento" para conclusões comprovadas. O resultado:

> Esse caminho, até agora não seguido na química, forneceu uma oportunidade de classificar meu trabalho de forma totalmente nova, e a química se aproxi-

mou bem mais do que antes da física experimental. Espero sinceramente que seu tempo livre e saúde permitam a leitura do primeiro capítulo, visto que sua aprovação e a dos estudiosos da Europa sem preconceitos nesse tipo de assunto constitui o objeto de minha ambição mais ardente.

Parece-me que apresentar a química desta forma torna o estudo infinitamente mais fácil do que tem sido. Homens jovens cujas mentes não estão preocupadas com nenhum outro sistema apoderam-se dela com avidez, mas químicos velhos ainda a rejeitam, e a maioria deles tem ainda mais dificuldade em compreendê-la do que aqueles que ainda não estudaram química.

Lavoisier realizara sua missão pedagógica: criar um caminho na química cuja ordem lógica e inteligível fosse atraente ao tipo de mentalidade que ele tivera em seu próprio tempo de estudante. Aquela realização era (como Lavoisier vivia enfatizando) uma forte garantia de que a nova química seria totalmente adotada pela geração nascente de cientistas jovens. Não obstante, o problema político de obter a aceitação da nova teoria pelo grupo existente de eminências científicas internacionais ainda o preocupava. Nesse ponto, a aprovação de Franklin teria um peso crucial.

Os acadêmicos franceses estão divididos neste momento entre a antiga e a nova doutrina. Tenho do meu lado o sr. de Morveau, sr. Berthollet, sr. de Fourcroy, sr. de Laplace, sr. Monge e em geral os físicos da academia. Os acadêmicos de Londres e da Inglaterra também estão gradualmente abandonando a doutrina de Stahl, mas os químicos alemães ainda se atêm fortemente a ela. Esta, portanto, é a revolução que ocorreu num ramo importante do conhecimento humano desde a sua partida da Europa; considero essa revolução bem avançada e ela se completará com o seu apoio.

Essa linguagem e essas analogias visavam a agradar a Franklin como cientista e político, pois Franklin havia sido uma figura de destaque na Revolução Americana (como os franceses sabiam melhor do que ninguém). Após apelar ao apoio de Franklin de maneira bem equilibrada e fundamentada, Lavoisier mudou de assunto: "Agora que o senhor foi informado do que transpirou na química, convém falar de nossa revolução política. Nós a vemos como algo já consumado e irreparável".[39]

No tocante à revolução química, o otimismo de Lavoisier se justificava. Os cientistas ficaram do lado dele nessa matéria, de sua época até hoje. Mas sua sensação de que a Revolução Francesa terminara foi um erro terrível, que acabou lhe custando a vida.

CAPÍTULO 5
O FIM DO ANO UM

Mais ou menos um mês após a queda da Bastilha, em 14 de julho de 1789, o diretor do Salon de Peinture anual solicitou a Lavoisier que removesse o primoroso retrato do cientista e sua esposa que David completara pouco tempo antes e que só recentemente havia sido instalado na exposição. Agora a direção da galeria temia que a imagem — o casal Lavoisier no auge do sucesso profissional e social — pudesse atrair uma atenção desfavorável de um público cada vez mais volátil.

O retrato foi substituído na exposição por outra obra de David mostrando Páris e Helena — um tema neoclássico padrão e inócuo. Marie-Anne Lavoisier, embora perdesse grande parte das propriedades do casal durante o Terror, conservou o quadro e acabou deixando-o para a sobrinha-neta, que o vendeu a John D. Rockefeller em 1924.

O ano de 1789 testemunhara a consolidação da revolução química com a publicação do *Traité élémentaire de chimie*, de Lavoisier, mas em outros aspectos a primavera e o verão daquele ano haviam sido um tanto difíceis. A remoção do retrato de David, com sua ruidosa declaração iconográfica do triunfo de Lavoisier na reforma da química, não foi o único sintoma de que o cientista e sua mulher corriam o risco de perder a popularidade. Estando intimamente envolvido naquela época com o sistema fiscal e as finanças nacionais francesas, Lavoisier com certeza estava atento aos ventos da mudança, ainda que possa ter interpretado mal sua direção e sua força.

Em março de 1789, Lavoisier concorreu à eleição como representante do Terceiro Estado — um grupo de interesse político assim designado porque seus membros não pertenciam nem à nobreza nem ao clero — na paróquia de Villefrancoeur, uma área rural onde possuía propriedades consideráveis. Ele se julgava popular na região, porque passara vários anos realizando experimentos de reforma agrícola em sua propriedade em Fréchines — um trabalho numa escala para beneficiar a área circundante e visando a resolver o problema crescente da fome na França. Além disso, ele concedera havia pouco tempo grandes empréstimos, isentos de juros, às cidades de Romorantin e Blois para o alívio imediato da escassez de cereais. Embora essas ações fossem essencialmente as de um filantropo, a linguagem em que ele declarou sua candidatura precedeu, até certo ponto, a retórica populista que floresceria plenamente na Revolução Francesa. Prometendo "renunciar a todas as regalias financeiras não compartilhadas pelo" povo de seu eleitorado, ele anunciou que "de agora em diante nenhuma distinção financeira nos separará; seremos todos irmãos e amigos".[1] Essa alegação tinha seu lado insincero; quaisquer que fossem as regalias a que renunciasse, Lavoisier continuaria multimilionário e senhor do grande solar em Fréchines.

Na eleição em Blois a 9 de março, os oponentes de Lavoisier o atacaram, com um vigor inesperado, como um nobre e membro da Fazenda Geral. A primeira acusação tinha sua dose de ironia. A alegação de nobreza de Lavoisier não era muito mais convincente do que seu esforço por se reposicionar como um elemento comum do eleitorado que ele se propunha a representar. Sua verdadeira posição na sociedade estava na *haute bourgeoisie*. Entretanto, o pai de Lavoisier comprara para ele o título ornamental de "secretário do rei" na época de seu casamento — e tais títulos comprados vinham se tornando pontos vulneráveis para as pessoas que os detinham, mas sem uma posição real na nobreza hereditária, que não conseguiam obter nenhuma ajuda ou proteção deles. Ao contrário de colegas cientistas como Trudaine de Montigny e Guyton de Morveau, Lavoisier não anexara o aristocrático "de" ao nome, e embora longe de ser um proletário, seu interesse na reforma constitucional da monarquia francesa era sem dúvida sincero.

Mesmo assim, o ataque foi virulento e vitorioso. Um de seus oponentes foi tão incendiário que Lavoisier relatou que, não fosse sua própria "prudência extrema", ele não sabia "a quais excessos o povo poderia ter sido induzido contra ele".[2] O risco da violência da massa na Assembléia de Blois não foi o único arranhão que sofreria naquele ano.

Em seguida, Lavoisier tentou um cargo representando a nobreza da mesma região, mas os nobres de Blois estavam contrariados com seu envolvimento na Fazenda Geral. A muralha da alfândega ao redor de Paris, talvez a ação mais impopular já realizada pela fazenda, estava quase pronta. A frieza com que Lavoisier foi recebido tanto pelos nobres quanto pelo Terceiro Estado naquelas eleições foi um indicador claro de que sua posição como fazendário-geral e nominalmente nobre vinha se tornando duvidosa. Mesmo assim, ele não renunciou ao cargo na fazenda por mais dois anos.

Rejeitado como candidato, Lavoisier foi convidado a servir aos nobres de Blois como secretário, e nessa função redigiu a descrição de uma constituição ideal (se não idealizada) para a França. Conquanto registrasse uma síntese dos pontos de vista do grupo, parte do documento tinha um sabor nitidamente lavoisieriano. Uma constituição nova deve, acima de tudo, garantir a segurança das pessoas e propriedades, ao mesmo tempo estendendo a todos o direito humano sagrado da liberdade. Um argumento específico a favor da abolição das taxas alfandegárias cobradas dentro das fronteiras da França indica que Lavoisier compreendeu bem, àquela altura, a conveniência de se distanciar das práticas anteriores da Fazenda Geral. O documento recomendou igualdade em todos os impostos, além de reformas dos sistemas judicial, agrícola e financeiro. Concluiu afirmando que os Estados Gerais (a assembléia para a qual vinham sendo eleitos representantes) não devem interromper os trabalhos antes de terem criado e instaurado uma constituição.

O resto, recorrendo ao velho clichê, é história. Em 5 de maio, Luís XVI reuniu os Estados Gerais em Versalhes. Após cerca de seis semanas de debates acalorados, o Terceiro Estado declarou-se a Assembléia Nacional da França e convocou os demais estados, a nobreza e o clero, a aderir. Quando a reação do rei foi fechar o salão de reuniões de Versalhes, o Terceiro Estado voltou a se reunir, de forma um tanto improvisada, no Jeu de Paume, uma quadra de tênis nos jardins das Tulherias, em Paris. Ali, em 20 de junho, os representantes juraram não dissolver sua assembléia sem a aprovação de uma constituição. Sete dias depois, o rei capitulou, ao menos nominal e formalmente, ordenando à nobreza e ao clero que aderissem à nova Assembléia Nacional.

Ao mesmo tempo, o número de soldados mercenários na periferia de Paris foi aumentado por um governo real cada vez mais preocupado com a própria segurança. Dentro das muralhas da cidade, o estado de espírito das pessoas, exacerbado pela falta de comida e nervosismo provocado pelos movimentos das tropas, tornou-se ainda mais volátil. Em 12 de julho, Bernard-Jordan de Launay, um comandante das tropas reais, ordenou a transferência dos estoques de pólvora do Arsenal para perto da Bastilha, que ele pretendia preparar como um ponto de defesa caso o populacho escapasse ao controle. Na verdade, manifestações populares já haviam conseguido arrebatar milhares de armas de tropas passivas no Hôtel de Invalides e Hôtel de Bretonvilliers, o quartel-general da Fazenda Geral. Outros comandantes reais planejavam entrar em Paris com suas forças.

Em meio à situação explosiva, Lavoisier ficou em cima do muro ante a crescente fissura política. Seu laboratório continuava no Arsenal, e devido ao seu cargo na Administração da Pólvora, ele compartilhou da responsabilidade pela transferência de pólvora para a Bastilha. Em 13 de julho, os eleitores do Terceiro Estado, agora procurando controlar o governo, o nomearam como um dos vários comissários encarregados de manter a ordem na área onde esses eventos vinham ocorrendo. No mesmo dia, arruaceiros começaram a derrubar a muralha da fazenda ao redor de Paris.

Lavoisier passou grande parte do 14 de julho na Assembléia Nacional, agora sediada no Hôtel de Ville, tentando justificar a transferência de pólvora para a Bastilha, ao mesmo tempo que assegurava aos eleitores que a pólvora estaria disponível para a defesa do interesse popular, caso necessário. Os fatos se precipitaram enquanto ele discutia: a guarnição de 114 homens da Bastilha dissuadiu De Launay de explodir o depósito de pólvora e rendeu-se à multidão armada de milhares de pessoas lá fora. No total, sete prisioneiros foram libertados.

Em 17 de julho, Luís XVI chegou a Paris, vindo de Versalhes. Diante dos eleitores no Hôtel de Ville, prendeu o novo emblema revolucionário no chapéu — um símbolo de sua aquiescência ao poder da agora denominada Assembléia Nacional Constituinte. O evento foi de festa, mas a instabilidade dominava todo o país. Levantes de camponeses irromperam por todo o campo, enquanto as turbas de Paris invadiam as ruas, colocando em risco a segurança de pessoas e propriedades.

Lavoisier, que com sensatez ignorara a destruição da muralha da alfândega de Paris, foi agora nominalmente incumbido da demolição da Bastilha. Ali, como na maioria dos assuntos, seu respeito pela ordem, seu conservadorismo essencial e seu bom senso geral entraram em jogo. A turba começara a demolir a fortaleza em 14 de julho, mas a tarefa era grande e difícil demais para ser completada no primeiro surto de entusiasmo. Em 27 de julho, Lavoisier conseguiu um aporte de mais de 35 mil libras (sagazmente dividido entre suas diferentes fontes de renda, inclusive a Administração da Pólvora, o Banco de Descontos e a Fazenda Geral) para pagar um empreiteiro a fim de realizar a demolição da fortaleza de forma mais ordeira e segura. Diferentes técnicas de desmantelar o edifício foram debatidas nos últimos dias de julho. Também aqui os fatos se precipitaram, quando trabalhadores deram cabo da tarefa com picaretas.

Em 6 de agosto, Lavoisier estava no local da Bastilha, discutindo os custos da demolição com o empreiteiro, quando irrompeu todo o episódio da *poudre de traîte* (ver capítulo 1) — na verdade, diante do barco prestes a partir, transportando a pólvora suspeita para Essone. Por pouco Lavoisier escapou da execução sumária pela multidão, episódio mais do que suficiente para abalá-lo, mas ele tinha uma capacidade inesperada de permanecer calmo nessas crises. Resistiu à mancha que o mal-entendido lançou sobre sua reputação pública lendo para a Academia de Ciências e para o comitê local da Assembléia Nacional Constituinte uma declaração justificando sua conduta. Mas quando, duas semanas depois, pediram que removesse o retrato de David do Salon de Peinture, é de imaginar que ele não tenha resistido.

Até 1789, Lavoisier desfrutara de grande influência pública, embora mais nos bastidores do que na cena pública. Seus cargos na Administração da Pólvora, no Banco de Descontos e mesmo na Fazenda Geral lhe deram poder em muitos aspectos do governo. Em todas essas esferas, ele agiu como reformador, com freqüência sob a influência de fisiocratas como Turgot. No seu entender, técnicas melhores levariam a um governo melhor; ele acreditava, como tantos de seus contemporâneos do Iluminismo, no sucesso da aplicação das atitudes do positivismo racional às dimensões econômica e política.

Após os choques do verão de 1789, a situação na França dava a impressão de tender à estabilidade. A razão parecia ter predominado com a Declaração dos Direitos do Homem e do Cidadão, em 28 de agosto. Lavoisier deve ter aprovado a declaração, que refletia muito da retórica do documento que ele redigira para os nobres de Blois naquela primavera, tomando por modelo a Declaração da Independência Americana de 1776. Do outro lado do Atlântico, a Constituição norte-americana continuava evoluindo de forma razoavelmente civilizada. As dez primeiras emendas, constituindo a Declaração dos Direitos, foram aprovadas pelo Congresso norte-americano em setembro de 1789. Como outros moderados, Lavoisier esperava que a Assembléia Nacional Constituinte francesa seguisse um caminho semelhante, chegando a uma monarquia constitucional parecida com a existente na Inglaterra, embora mais liberal em sua retórica e talvez até na prática.

Tais expectativas não levaram em conta as diferenças essenciais entre as revoluções francesa e americana, que, com tamanha proximidade, eram difíceis de discernir. A Revolução Americana teve suas origens em uma revolta fiscal e culminou com a separação da colônia de sua potência colonizadora. Apesar da retórica de "vida, liberdade e busca da felicidade", sua extensão dos direitos políticos aos cidadãos foi bem limitada no começo, e (como os radicais franceses logo viriam a denunciar) deixou o governo praticamente nas mãos de grandes proprietários rurais da Virgínia, dependentes da mão-de-obra escrava. Além disso, a estrutura da sociedade colonial permaneceu quase intacta.

A Revolução Francesa, por sua vez, foi uma revolta social genuína, que irrompeu no coração da nação, e não na periferia colonial. No começo, também esteve comprometida em certos aspectos: a economia francesa dependia vitalmente da escravidão nas colônias do Caribe, sobretudo na rica Santo Domingo, que, com a desintegração da economia na metrópole sob as pressões da desordem crescente, dentro das fronteiras francesas, e das várias guerras no estrangeiro, tornar-se-ia a única fonte viável de renda. Contudo, a Revolução Francesa sempre teve sua ala radical, que não aceitaria concessões e estava determinada a seguir a ideologia da libertação até seu limite, quaisquer que fossem as conseqüências, econômicas ou de outro tipo. Quando os radicais chegaram ao poder, todos os aspectos da velha sociedade francesa seriam extirpados e subvertidos.

Como muitos de seus colegas moderados, Lavoisier custou a reconhecer essa diferença crucial. Mas outro choque adveio no início de outubro de 1789. Distúrbios instigados pela escassez crônica de farinha para o pão haviam se tornado comuns em Paris. Em 5 de outubro, Marie-Anne Lavoisier (uma pedestre solícita) viu sua carruagem presa em meio a uma daquelas turbas de mulheres iradas, cujos excessos haviam começado a ultrapassar os dos homens. Forçada a saltar, caminhou em meio àquelas *tricoteuses* perigosas, até que, aparentemente, se cansaram de atormentá-la, deixando-a livre para se juntar ao marido e ao americano Gouverneur Morris para um almoço planejado no apartamento do Arsenal. Na verdade, as *tricoteuses* tinham uma presa maior em vista: estavam a caminho de Versalhes a fim de capturar "o padeiro, a mulher do padeiro e o filho do padeiro" — sua expressão sarcástica para a família real. Em 6 de outubro, após sofrerem muitas afrontas, o rei, a rainha e o delfim foram trazidos a Paris e, para todos os efeitos, aprisionados nas Tulherias. A Assembléia Nacional instalou-se num salão vizinho. Após aquele episódio, Lavoisier procurou ao máximo se dissociar da política, embora permanecesse ativo no Banco de Descontos por mais alguns anos. Além disso, era difícil evitar os escândalos provocados pela ansiedade constante em torno das munições.

Sempre hostil à Revolução Francesa, o observador inglês Edmund Burke descreveu-a nestes termos:

> O *gás* selvagem, o ar fixo, está fora de controle: mas devemos suspender nosso julgamento até que a efervescência inicial diminua um pouco, até que o líquido se clarifique, e até que vejamos algo mais profundo do que a agitação de uma superfície agitada e espumosa.[3]

Burke escolheu essa linguagem para atacar Priestley, o velho rival de Lavoisier e simpatizante dos revolucionários. Lavoisier pode ter gostado da analogia e apoiou a idéia de suspender o julgamento. Estava ansioso para que a "efervescência" revolucionária diminuísse.

Ao escrever a Benjamin Franklin em 2 de fevereiro de 1790, ele queria acreditar que havia diminuído:

> Consideramos [a revolução política] completada e de forma irreversível; porém, existe um partido aristocrático, que faz esforços vãos e é obviamente o

> mais fraco. Por outro lado, o partido democrático é mais numeroso e, ademais, conta com a educação, a filosofia e os iluministas de seu lado. Pessoas moderadas, e aquelas que mantiveram a calma durante essa efervescência geral, acham que as circunstâncias nos levaram longe demais, que é uma lástima que tenhamos sido obrigados a armar o povo e todos os cidadãos; que é insensato colocar força nas mãos de quem deveria obedecer; e que é de se temer que o estabelecimento de uma constituição nova criará obstáculos por parte daquelas mesmas pessoas em cujo benefício ela foi criada.[4]

Ao descrever a posição que considerava moderada, Lavoisier revela certa nostalgia pelo *ancien régime*. Ao dizer que a Revolução Francesa se tornou irreversível, ele claramente também deseja que elementos dela pudessem ser revertidos. Sem dúvida, muitos moderados compartilhavam dessa desconfiança nervosa em relação aos extremos que o populismo revolucionário poderia atingir. Com certeza, ele foi sincero em sua frase nostálgica para Franklin: "Neste momento, sentimos muito vossa distância da França; teríeis sido o nosso guia, e marcado para nós os limites que não deveríamos ter ultrapassado".[5]

Nas entrelinhas percebe-se que, embora desejasse que a Revolução Francesa estivesse encerrada, Lavoisier era perspicaz demais para não desconfiar fortemente de que coisas piores ainda estavam por acontecer. No entanto, parece, com base no curso que ele seguiu de 1790 a 1793, que o pensamento positivo prejudicou sua percepção. Lavoisier sempre esteve na vanguarda da revolução química, mas, no caso da revolução política, ficou um tanto para trás.

Marat, de quem Lavoisier havia sido o arquiinimigo científico, publicou a primeira edição de seu jornal *L'Ami du Peuple* em setembro de 1789. Enfim ele encontrara bastante "matéria do fogo" — na forma do jornalismo incendiário. Ele dedicaria aqueles poucos anos de vida restantes a incitar e impelir a esquerda radical, mas sempre sobrava tempo para fustigar os velhos inimigos. Desmascarado por

Lavoisier como charlatão da ciência, ele contra-atacaria denunciando Lavoisier como "o corifeu dos charlatões". Em 1791, a velha ordem havia sido tão totalmente subvertida que, para mostrar Lavoisier a uma luz altamente desfavorável, bastava que Marat recitasse o currículo dele: "Fazendário-geral, diretor da Administração da Pólvora, administrador do Banco de Descontos, membro da Academia de Ciências, secretário do rei", e assim por diante.

Jacques-Pierre Brissot, que desde cedo acusara as academias nacionais de essencialmente tirânicas e que havia sido atingido pela desmistificação do culto do mesmerismo por Lavoisier, aderiu à perseguição com um artigo no *Le Patriote Français*:

> Fazendário-geral e acadêmico, dois títulos para o encorajamento do despotismo, e para piorar ele é o autor do plano de construção de uma muralha ao redor de Paris. Reduzido ao silêncio em Blois quando se apresentou para a eleição, os únicos votos que obteve foram por caridade. Lavoisier tornou-se um químico; teria se tornado um alquimista se seguisse sua sede insaciável por ouro.[6]

Lavoisier não respondeu aos ataques. Ele aprendera que o silêncio podia ser o melhor meio de preservar a dignidade, depois do erro de cálculo, pouco tempo antes, de publicar aquela carta aberta em *Le Moniteur* anunciando que, no espírito da fraternidade e igualdade, renunciaria aos salários de todos os seus cinco cargos públicos, exceto a Administração da Pólvora. A distorção parecera uma tentativa de se tornar "igual", sob o código tributário, ao eleitorado de Villefrancoeur, com resultado igualmente desastroso. Um tiro pela culatra ensurdecedor soou imediatamente na revista de extrema esquerda *Les Ates des Apôtres*, na forma de um poema satírico:

> *Généreux Lavoisier, ta lettre pathétique*
> *M'a fait, je l'avouerai, presque verser des pleurs;*
> *Tu viens de conquerir à la fois tous les coeurs*

En nous développant ta conduite héroïque.
Quel exemple étonnant de modération!
Se contenter d'avoir cent mille écus de rente
Qu'on a gagnés, Dieu sait! puis à sa nation,
Donner son temps pour rien, cet exemple me tente.
Ah! Que ne puis-je, hélas! pouvoir en faire autant![7]

[Generoso Lavoisier, tua carta patética
Quase me fez (confesso) derramar lágrimas;
Acabas de conquistar, de uma só vez, todos os corações
Ao nos revelar tua conduta heróica.
Que exemplo surpreendente de moderação!
Contentar-se com 100 mil escudos de renda
Ganhos, Deus sabe, então à sua nação,
Oferecer seu tempo em troca de nada, este exemplo me tenta.
Ah! Mas infelizmente não posso fazer o mesmo!]

O argumento não totalmente descabido de que se cargos públicos importantes não fossem remunerados só os ricos teriam condições de ocupá-los foi repetido por Brissot em *Le Patriote Français*. Enquanto isso, a resposta oficial à proposta de Lavoisier não foi muito mais encorajadora. Ele queria, acima de tudo, conservar o cargo na Administração da Pólvora, para proteger seus laboratórios ainda abrigados no Arsenal. Escreveu francamente para Louis Hardouin Tarbé, o ministro encarregado daquela decisão, sublinhando que "ali eu me estabeleci às minhas próprias custas, [ali] tive despesas consideráveis com laboratórios, com câmaras ligadas as ciências que pratico e com instrumentos".[8] No final, Lavoisier concordou em abrir mão de seu cargo oficial na Administração da Pólvora sob a garantia de Tarbé de que poderia continuar ocupando seus laboratórios no Arsenal. Sua posição se tornou ainda mais precária.

Jean-Paul Marat sofria de eczema e tomava longos banhos para aliviar a doença. Costumava receber visitantes deitado numa banheira coberta. Em 13 de julho de 1793, cometeu a imprudência de receber uma estranha, uma mulher jovem chamada Charlotte Corday. Ela o apunhalou fatalmente e fugiu. O pintor David representou a cena da morte em uma obra bem diferente, no estilo e sensação, do retrato do casal Lavoisier — tão desagradavelmente realista como uma fotografia. Marat, de turbante, pele amarelada pela doença ou perda de sangue, jaz lasso na banheira que parece um caixão, um braço pendente ainda segurando a pena, a ferida no peito, um vinco sem sangue. Repulsivo ao extremo, esse retrato lúgubre é, também, uma das obras mais inesquecíveis de David, um símbolo apropriado para os eventos que cercaram a morte de Marat.

Para Lavoisier, a morte do inimigo não trouxe nenhum alívio. O Partido Jacobino canonizou seu defensor assassinado e vinha conquistando a liderança no governo nacional. Como membro da Guarda Nacional, Lavoisier teve de marchar em uma parada militar em homenagem ao corpo de Marat, adornado por David em trajes romanos para o evento. Alguns meses depois, viu-se novamente obrigado a participar de uma saudação formal semelhante ao busto de Marat, inaugurado em 15 de outubro. De algum modo, Marat se tornara mais poderoso morto, como se seu espírito feroz, libertado do corpo, agora dominasse os governantes da nação.

O prelúdio ao assassinato de Marat foi um novo espasmo revolucionário na Convenção Nacional. Essa instituição, que substituiu a assembléia legislativa em 20 de setembro de 1792, durante dois anos estivera dividida entre duas facções: os montanheses da esquerda radical e os girondinos, mais moderados. No início de junho de 1793, os montanheses, liderados pelo próprio Marat, George Danton e especialmente Maximilien Robespierre, conseguiram remover os girondinos da Convenção; os que escaparam da prisão fugiram. Ao final do mês, a assembléia adotou a Constituição do Ano Um, que transferiu todo o poder àquele legislativo e a seus comitês executivos, especialmente o notório Comitê de Salvação Pública, agora em mãos de Robespierre.

Embora a motivação de Charlotte Corday fosse tortuosa e obscura, o assassinato de Marat foi percebido pela República Jacobina recém-instaurada como uma reação do centro e da direita. A eficiente máquina da morte do doutor Guillotin já estava instalada na Place de la Révolution. Charlotte Corday morreu ali a 17 de julho, apenas quatro dias após matar Marat. Os processos subseqüentes seriam ainda mais sumários. Para sufocar qualquer reação adicional, assegurar sua própria posição e intimidar os inimigos estrangeiros e seus agentes dentro da França, o Clube dos Jacobinos exigiu um Reinado do Terror, a 30 de agosto de 1793. Com a aprovação da "Lei dos Suspeitos", em 17 de setembro, o Terror tornou-se oficial.

Desde que a multidão o trouxera de volta a Paris, em outubro de 1789, Luís XVI fora progressivamente privado de seus poderes, e a situação de sua família se tornara ainda mais frágil. Em tese, uma monarquia constitucional vigorou, ou pelo menos esteve em construção, até setembro de 1792, mas o rei se mostrou cada vez mais incapaz de enfrentar a situação mediante editos e vetos, sendo tentado pela possibilidade de reverter totalmente a revolução. As potências monárquicas da Europa estavam do seu lado, e em junho de 1791, o rei tentou levar a família para fora da França a fim de se juntarem a elas, mas foram detidos em Varennes e, de novo, arrastados de volta a Paris. A pressão para abandonar a idéia de monarquia constitucional a favor de uma república estourou em 17 de julho, na celebração do segundo aniversário da queda da Bastilha. Durante os distúrbios nas cerimônias públicas no Campo de Marte, o marquês de Lafayette, que, embora admirado pelo papel na Revolução Americana, se mostrava mais conservador do que a maioria dos cidadãos franceses, ordenou às tropas da Guarda Nacional que abrissem fogo contra a multidão republicana.

Esses eventos deram à esquerda motivos para temer que a revolução pudesse ser revertida pela ação de forças monarquistas dentro e fora da França. Apesar disso, a constituição foi proclamada em setembro de 1791, devolvendo-se a Luís XVI um poder constitucionalmente limitado. Mas o relacionamento entre rei e Legislativo logo se deteriorou. No início de junho de 1792, o rei dispensou os legisladores jacobinos. Lafayette apoiou a ação, mas o povo de Paris invadiu as Tulherias, forçando o rei a colocar o gorro vermelho da liberdade e erguer um brinde à soberania do povo francês. Robespierre foi encorajado a pedir abertamente a demissão do rei numa reunião do Clube dos Jacobinos. Em 10 de agosto, as Tulherias foram saqueadas por uma multidão que anunciou sua intenção de acabar com a monarquia. O rei e sua família tornaram-se prisioneiros da nação. Em 21 de setembro, a monarquia foi abolida e a República Francesa, declarada.

Luís XVI foi para a guilhotina em 21 de janeiro de 1793. Desde a primavera de 1792, a França estava em guerra com a Áustria e a Prússia (a rainha, Maria Antonieta, era da família real austríaca). Em fevereiro de 1793, a França declarou guerra à Inglaterra e também à Holanda; em março, a Espanha foi acrescentada à lista. O ressentimento com um novo recrutamento militar necessário ao esforço de guerra fomentou revoltas monarquistas na Bretanha e na Vendéia. Em 10 de março, a Convenção criou o Tribunal Revolucionário para o julgamento de todo e qualquer inimigo da República. A esse órgão se acrescentou, em 6 de abril, o Comitê de Salvação Pública, dotado pela Convenção da missão explícita de aterrorizar os inimigos da França. A morte de Marat foi a gota d'água para inclinar a balança totalmente a favor do Terror.

Dentro de semanas, o Terror se transformara num câncer atacando o corpo que deveria proteger. O próprio Robespierre acabaria sendo morto. Lavoisier, como a maioria dos outros membros da burguesia estremecida, fazia o possível para evitar envolvimento no maquinário sinistro. Ele esperava, e não era uma esperança descabida, que sua posição como cientista, e o valor material que sua destreza nas ciências poderia oferecer à República, o protegessem de acusações que poderiam advir de suas outras atividades nas finanças, na Administração da Pólvora e, mais perigosamente, na Fazenda Geral. Mas as organizações e estruturas intelectuais que Lavoisier achava que seriam seu refúgio já estavam sendo desmanteladas.

Desde o início da carreira, Lavoisier venerara as academias nacionais como "pequenas repúblicas" — reinos em miniatura dentro do reino francês que protegiam as atividades intelectuais, científicas e artísticas das pressões externas. Mesmo naquela época prematura, homens como Marat e Brissot (que florescera, e depois murchara, como líder dos girondinos) objetaram que as academias eram essencialmente elitistas e até tirânicas. Em agosto de 1793, este último ponto de vista prevaleceu. A acusação contra a Academia de Pintura e Escultura foi liderada por seu membro mais ilustre, o pintor David, que se dirigiu à Convenção com uma veemência autocrítica implícita que teria agradado a Pol Pot, tanto quanto supostamente agradou ao amigo íntimo de David, Robespierre:

> Que sejam fechadas para sempre essas escolas da adulação e servilismo. [...] Falar de uma academia é falar delas todas; predomina o mesmo espírito em todas elas, e em todas se encontram os mesmos homens. [...] Em nome da humanidade, em nome da justiça e, acima de tudo, por vosso amor à juventude, vamos destruir — vamos aniquilar — essas academias mortais, que não podem mais sobreviver sob um regime livre. Embora seja um acadêmico, cumpri meu dever.[9]

Na mesma ocasião, o abade Grégoire apresentou uma crítica mais moderada das academias, com um argumento especial pela preservação da Academia de Ciências, que continuava, como ele observou, servindo à nação com projetos como o sistema novo de pesos e medidas. Em sua peroração, Grégoire enfatizou as realizações astronômicas de Johannes Kepler, "a grande massa de conhecimentos que devemos à genialidade de Newton", e finalmente "a pesquisa mais sublime em química". Sua eloqüência de pouco serviu. A Academia de Ciências foi abolida junto com o resto, deixando Grégoire prevendo sombriamente um "futuro triste" marcado pela "perseguição aos sábios".[10]

Mas os sábios — alguns deles, ao menos — haviam eles próprios inventado o Terror. Ainda que a Revolução Francesa tivesse seus episódios de anarquia real, o Terror não foi um deles. Pelo contrário, foi uma força em prol da ordem, embora não um estilo de ordem que Lavoisier aprovasse. O próprio absurdo de seu desfecho foi o produto de levar a sua lógica às últimas conseqüências. E o Terror *foi* lógico, acima de tudo.

O observador do século XXI Charles Murray chegou ao ponto de sugerir que Newton — ou melhor, a compulsão do final do século XVIII de newtonizar absolutamente tudo — seria o culpado. "A razão tornou-se a nova fé. Seu primeiro rebento político foi a grotesca República Jacobina estabelecida após a Revolução Francesa."[11] Mostrou-se politicamente temerário supor que todos os fenômenos, inclusive o comportamento humano, tanto quanto o comportamento da matéria em física e química, devam em última análise se submeter à razão. "Os adoradores de Newton", argumenta Murray, "concluíram que o que se podia saber sobre o movimento dos corpos também se podia saber sobre os homens. O homem poderia refazer o mundo do zero projetando instituições humanas novas pela aplicação da razão científica."[12]

À medida que o Iluminismo descamba nas trevas do Terror, grande parte do contexto cultural circundante apóia essa visão. A revisão deísta do cristianismo, defendida por Benjamin Franklin, entre outros, propõe que todo o universo é uma vasta máquina, originalmente criada por Deus, mas capaz de ser conservada e até melhorada pelos homens. A *Logique*, de Condillac, que Lavoisier tanto admirava, trazia implícita uma extensão da sinergia do pensamento, fala e escrita para o domínio da ação. Se a química podia ser subordinada às regras da álgebra, por que não a política? Claro que Lavoisier não queria que a racionalização da política chegasse ao ponto em que chegou. Como a maioria dos outros moderados sob ataque, preferia que ela parasse onde Franklin a teria parado, com uma visão mais generosamente humana da política que (nas palavras de Murray) "admitisse uma natureza humana incontrolável e problemática".[13]

Condorcet também havia sido um moderado. Ele foi destituído do Legislativo como um girondino e, depois, processado e condenado *in absentia* em outubro de 1793. Seu crime, em essência, foi ter previsto e protestado contra as piores conseqüências da constituição que deu origem à República Jacobina, em junho daquele mesmo ano. Dadas as circunstâncias do autor (escondido dos ex-colegas, agora terroristas de Estado), o tom de otimismo entusiástico expresso pelo *Esboço para um quadro histórico do progresso do espírito humano*, de Condorcet, parece pura e simplesmente grotesco, já que se contrapõe aos fatos por cujo reconhecimento foi perseguido.

Todavia, Condorcet ainda acreditava que a sinergia de pensamento, discurso e retórica poderia ser infalivelmente traduzida em ação, e até em ação política. Ele ainda acreditava (bem como Robespierre e outros membros do Comitê de Salvação Pública) na "verdadeira perfeição da humanidade". Na conclusão da obra, Condorcet faz uma pergunta que para ele era claramente retórica:

> O único fundamento da crença nas ciências naturais é esta idéia, de que as leis gerais que regem os fenômenos do universo, conhecido ou desconhecido, são necessárias e constantes. Por que esse princípio deveria ser menos verdadeiro para o desenvolvimento das faculdades intelectuais e morais do homem do que para as demais operações da natureza?[14]

O progresso material em física e química (outrora adepto do flogístico, Condorcet havia, àquela altura, reconhecido a superioridade da nova química, que ele descreve antes em seu *Esboço*) deve certamente implicar um padrão semelhante de progresso em todos os assuntos humanos, até no domínio da política. Pouco antes de sua morte em uma prisão jacobina, Condorcet previu otimista:

> Chegará portanto o tempo quando o sol só brilhará sobre homens livres que não conhecem outro senhor além da razão; quando tiranos e escravos, sacerdotes e seus instrumentos estúpidos ou hipócritas, existirão somente em obras de história ou no palco; e quando pensaremos neles apenas para lastimar suas vítimas e seus incautos; para nos mantermos em um estado de vigilância pensando nos seus excessos; e para aprendermos como reconhecer e, assim, destruir, através da razão, as primeiras sementes da tirania e superstição, caso ousem reaparecer entre nós.[15]

Claro que, na época em que Condorcet terminou sua monografia, aquele estado de vigilância havia degenerado em tirania.

Na época desse texto, os sacerdotes já faziam parte da história. No final de 1789, as propriedades da Igreja Católica foram expropriadas pelo Estado. (Lavoisier, talvez insensatamente, adquiriu uma área considerável de antigas terras da Igreja na região do povoado de seus ancestrais, Villers-Cotterêts.) Em 1790, todas as ordens monásticas, e a maioria das outras ordens religiosas, foram abolidas. Em outubro de 1793, o novo Calendário Revolucionário foi adotado — racionalizando a medição do tempo e dissociando o sistema da influência dos calendários cristãos, com seu ciclo de festas, confissões e dias santos. Um mês depois, Robespierre, que precisava de um escoadouro para a sua devoção como qualquer outro puritano, organizou um "Festival da Razão", para 20 prairial.

Celebrado na anterior catedral de Notre-Dame, a festa pretendia suplantar o antigo simbolismo da Igreja Católica, com uma nova iconografia baseada inteiramente em princípios seculares. Fiel à sua mentalidade burocrática, Robespierre expressou "o Culto do Ser Supremo" em forma de uma lista de quinze editos. O Artigo VII declarava como objetos de celebração

> o Ser Supremo e a Natureza; a raça humana; a igualdade francesa; os benfeitores da humanidade; os mártires da liberdade; liberdade e igualdade; a República; a liberdade do mundo; patriotismo; ódio aos tiranos e traidores; verdade; justiça; modéstia; glória e imortalidade; amizade; temperança; coragem; boa-fé; heroísmo; imparcialidade; estoicismo; amor; fidelidade conjugal; afeição paterna; amor materno; devoção filial; infância; juventude; idade adulta; velhice; infortúnio; agricultura; indústria; nossos ancestrais; posteridade; felicidade.[16]

Quando fundamentalistas cristãos do século XX criticavam o "humanismo secular", no recôndito da mente pensavam nesse tipo de coisa.

Robespierre dedicou o que teria sido o dia de Natal de 1793 (se 25 de dezembro ainda existisse) a um discurso sobre a diferença entre o governo constitucional, que a Revolução Francesa pretendera criar, e o governo revolucionário agora requerido pelas exigências da guerra.

> A preocupação principal do governo constitucional é a liberdade civil; a do governo revolucionário, a liberdade pública. Sob um governo constitucional pouco mais é necessário do que proteger o indivíduo contra os abusos do Estado, enquanto o governo revolucionário é obrigado a defender o próprio Estado contra as facções que o atacam por todos os lados.

Naquela situação arriscada, Robespierre via uma necessidade gritante de "amedrontar os inimigos da França". E portanto: "Aos bons cidadãos o governo revolucionário deve a proteção plena do Estado; aos inimigos do povo, deve apenas a morte".[17] A lógica parecia inexorável, tendo o Comitê de Salvação Pública por trás caso alguém ousasse duvidar.

Até hoje, Robespierre e seu grupo têm defensores, que argumentam que o Terror foi eficaz em unificar a França e assegurar sua sobrevivência e triunfo final numa época em que a nação estava em guerra com praticamente todo o resto da Europa. Conseguiu esse resultado ao custo de enviar cerca de 18 mil cidadãos franceses à guilhotina e criar o modelo do terror de Estado sistemático adotado, desde então, pela maioria dos governos totalitários. A metodologia pseudocientífica, pseudo-algébrica do Terror ressurge na apropriação e aplicação indevidas por Stálin das teorias de Karl Marx — ao custo de um número de mortos bem maior, sob o manto de uma política e retórica que se tornariam conhecidas como *orwellianas*. A mesma metodologia banaliza o mal durante o regime nazista, permitindo que homens como Adolph Eichmann pratiquem o genocídio como a aplicação de uma técnica científica e utilitária. Sentimo-la novamente nos campos da morte lamacentos e sangrentos do Camboja, onde Pol Pot, mais fiel ao modelo francês que a maioria, pretendeu começar a história do zero com seu próprio Ano Um.

Jean-Pierre Poirier, o biógrafo de Lavoisier, identifica sete cientistas assassinados pelo Terror. Um acadêmico honorário, o duque de La Rochefoucauld d'Enville, protestou contra a justiça das multidões em geral e o Tribunal Revolucionário em particular, sendo morto por uma multidão em setembro de 1792. O astrônomo Jean-Silvain Bailly, um aliado político de Lafayette, foi condenado pelo Tribunal Revolucionário em novembro de 1793. O barão de Dietrich, químico em cujo lar o hino revolucionário *La Marseillaise* havia sido composto, assumiu uma posição monarquista e foi para a guilhotina em dezembro de 1793. Condorcet, como vimos, morreu de causas incertas na prisão em abril de 1794. Aquele mesmo mês viu a decapitação de Bochart de Saron, astrônomo e matemático que assinara um protesto contra a supressão do parlamento, e Lamoignon de Malesherbes, que participara da defesa do rei Luís XVI.

No entanto, a maioria dos membros da desmantelada comunidade científica francesa conseguiu preservar suas cabeças e suas vidas — incluindo vários dos colegas mais próximos de Lavoisier: Meusnier, Monge, Fourcroy, Berthollet e Guyton de Morveau. Mesmo em seu frenesi terrorista, a República Jacobina não perdeu totalmente de vista o valor das habilidades científicas para a nação; portanto, vários daqueles homens continuaram sendo honrados aos olhos públicos. Os demais contaram com a discrição, evitando qualquer tipo de exposição. Todos os sobreviventes permaneceram na França durante o período. O único cientista que tentou fugir, o barão de Dietrich, foi finalmente condenado como um *émigré*.

Quanto ao próprio Lavoisier, deve ter sido difícil para ele entender como o mundo à sua volta perdera completamente o rumo. Ele (que sempre confiara em suas balanças) estava convencido do *equilíbrio* em todas as coisas, e devia acreditar que este acabaria sendo restaurado. Tinha um projeto de passar alguns meses na Escócia, colaborando com Joseph Black, e a uma visão retrospectiva vemos que o melhor momento de realizá-lo teria sido no outono de 1793. No entanto, tal viagem poderia levá-lo a ser condenado como um *émigré*, junto com o barão de Dietrich e centenas de outros. Ele pode ter permanecido na França por preocupação com seu laboratório e sua família, talvez também por orgulho, teimosia, e a reserva profunda de coragem que mostraria em seus últimos dias.

Além do mais, seria razoável supor que ele conseguiria escapar da tormenta. Afinal, devia ser o mais proeminente do círculo de cientistas cujo status acabou protegendo-os, mesmo após a abolição das academias. E em seus vários e amplos serviços à nação, havia sido mais diligente, mais dinâmico e mais bem-sucedido do que qualquer um deles. Era simplesmente inacreditável que a República Francesa fosse tão perdulária a ponto de jogar fora seus talentos.

Não obstante, seus papéis foram confiscados e lacrados apenas três dias após a adoção da Lei dos Suspeitos. Lavoisier poderia ter saído da França então, já que nenhuma medida havia sido tomada para detê-lo, mas optou por permanecer e lutar. De início, seus esforços pareceram bem-sucedidos. Em 28 de setembro, os lacres foram removidos dos papéis dos fazendários, e Lavoisier recebeu um "certificado de virtude cívica", observando que tudo nos documentos suspeitos "honra o vosso espírito cívico e é capaz de dissipar qualquer tipo de suspeita".[18] Com aquilo, Fourcroy tranqüilamente devolveu a correspondência que havia sido confiscada da residência de Lavoisier no boulevard de la Madeleine.

Os termos do certificado pareciam a melhor garantia possível contra a Lei dos Suspeitos, de modo que Lavoisier pode ser desculpado por se imaginar seguro. Na verdade, ele apenas ganhara tempo num fim de jogo que já começara. Em 24 de novembro, foi ordenada a detenção de todos os antigos acionistas da Fazenda Geral, que ficariam presos até que as contas suspeitas da fazenda fossem examinadas e julgadas. O "certificado de virtude cívica" já não valia nada, qualquer que fosse o papel em que estivesse escrito.

A polícia não encontrou Lavoisier no laboratório do Arsenal, nem na casa no boulevard de la Madeleine. Ela não sabia que o químico estava dedicando aquele dia ao serviço na Guarda Nacional. Durante três outros dias, Lavoisier permaneceu foragido, escrevendo cartas febris ao Comitê de Educação Pública e ao Comitê de Segurança Geral — descrevendo-se na terceira pessoa, como que para se antecipar à atitude deles.

O Comitê de Educação Pública estava incumbido do projeto de pesos e medidas em que Lavoisier ainda trabalhava. Além disso, Lavoisier passara grande parte do ano anterior desenvolvendo projetos para a reforma da educação, que culminou em um relatório apoiando o Lycée des Arts, enviado à Convenção em julho de 1793. Seu interesse nas ciências estivera sempre entrelaçado com um interesse em pedagogia, e ele via claramente a importância prática de um treinamento sólido nas artes e ofícios (cujas guildas tradicionais haviam sido abolidas pela Revolução algum tempo antes da supressão das academias). "Não é com celebrações que os Estados Unidos da América têm se tornado uma nação próspera", ele escreveu no verão de 1793. "É proporcionando à sua indústria todo o desenvolvimento que ela pode absorver."[19] Nessa área, ainda que em mais nenhuma outra, ele poderia continuar sendo útil à nação.

Sua carta de 25 de novembro ao Comitê de Educação Pública foi astuciosamente redigida:

> Lavoisier, da antiga Academia de Ciências, deixou a Fazenda Geral há cerca de três anos. [...] É de conhecimento público que nunca se envolveu nos assuntos gerais da fazenda, conduzidos por um pequeno comitê nomeado pelo ministro, e além disso as obras que publicou* atestam que sempre se ocupou principalmente com as ciências. Nunca esteve entre os comissários nomeados nos decretos para a prestação de contas da Fazenda Geral; logo, não pode ser responsabilizado pelo atraso por que essa comissão é criticada; ele não concorda em ser incluído na ordem de prisão dos fazendários-gerais até a prestação de suas contas.[20]

Essa fórmula, se o Comitê de Educação Pública tivesse optado por adotá-la, teria livrado Lavoisier da associação perigosa com a fazenda, e ele forneceu um motivo construtivo para tal:

> Em caso de dúvida, pede que a Convenção Nacional o informe se suas intenções são que ele se dedique às contas da Fazenda Geral, trabalho para o qual se considera inadequado, ou se deve continuar desempenhando suas funções na Comissão de Pesos e Medidas, para a qual tem trabalhado até agora com empenho e, ele ousa dizer, com certa utilidade.[21]

---

* Lavoisier procurou lembrar ao comitê o valor de seu *Méthode de nomenclature chimique* e do *Traité élémentaire*.

Em 26 de novembro, ele escreveu, em tom semelhante, para o Comitê de Segurança Geral — uma instituição que, apesar da semelhança de nome (ou por causa dela), tendia a se opor ao Comitê de Salvação Pública, agora dominado por Robespierre e pelos terroristas mais ardentes. Lavoisier vinha se esquivando à prisão nas últimas 48 horas, e na segunda carta anunciou a disposição em se entregar:

> Lavoisier, da antiga Academia de Ciências, está incumbido pelos decretos da Convenção Nacional de trabalhar pelo estabelecimento das novas medidas adotadas pela Convenção Nacional. Por outro lado, um decreto recente ordena que os fazendários-gerais sejam confinados em uma casa de detenção para preparar a prestação de suas contas. Ele está pronto para se entregar ali, mas acredita que antes deva indagar a qual desses decretos deve obedecer.[22]

Nesses termos, a pergunta parecia justa, e um equilíbrio de interesses justo deveria ter deixado Lavoisier em liberdade, ou foi isso que ele deve ter imaginado. Ele chegou ao ponto de sugerir um meio-termo: que fosse posto sob a guarda de "dois de seus irmãos *sans-culotte*", solução que supostamente manteria sua liberdade de movimento acompanhado por Paris, mobilidade suficiente para prosseguir seu trabalho científico.

O dia 27 de novembro transcorreu sem nenhuma resposta dos dois comitês. Lavoisier estava num dilema: poderia ter fugido do país ou se escondido por um longo período, como fizera Condorcet. Não foi por pura insensatez que deixou de fazê-lo. Jacques Paulze, seu sogro, estava envolvido na mesma rede com o resto dos fazendários-gerais, e aparentemente não dava para a família inteira fugir, embora Paulze ainda estivesse foragido naqueles dias tensos de novembro. E o quadro de Lavoisier do futuro não era tão pessimista assim em alguns aspectos. Ele estudara direito, ainda que nunca o praticasse, e ele e Paulze compartilhavam da confiança de que um julgamento justo acabaria inocentando os fazendários. Lavoisier era bastante pragmático para ter percebido que sua vasta riqueza estava na mira dos revolucionários, mas naquele estágio do Terror não reconheceu que o Estado também pudesse querer a vida dele. Os cientistas que até então haviam ido para a guilhotina estiveram envolvidos em ações explicitamente políticas que Lavoisier tivera o cuidado de evitar. Em seu próprio pior cenário, aceitaria o confisco da fortuna e, depois, ganharia a vida como farmacêutico, vivendo modestamente, à semelhança do químico sueco Scheele. O respeito de Lavoisier pela ordem era profundo; uma volta inevitável ao equilíbrio certamente o deixaria sobre seus pés. E, no final, não era de sua natureza fugir.

Em 28 de novembro, Lavoisier e Paulze (tampouco um fugitivo muito assustador) se entregaram na Prisão Port Libre de Paris, onde os demais fazendários-gerais já estavam encarcerados. Ali permaneceram a maior parte do mês seguinte. Lavoisier ainda esperava que uma resposta a uma das cartas de final de novembro pudesse libertá-lo, e seus amigos fizeram petições semelhantes em prol dele durante dezembro — nenhuma com êxito. Quanto às chances de um julgamento justo, um outro prisioneiro fazendário, Etienne-Marie Delahante, tinha uma visão mais clara e sinistra: "Previ que os comissários nos acusariam de ofensas fictícias, que não teríamos permissão de nos defender contra as acusações, e seríamos julgados culpados dessas práticas supostamente corruptas; assim, estaríamos condenados".[23]

Na verdade, os líderes do Terror tiveram a navalha de Occam firmemente à mão. A maior ameaça à sobrevivência dos fazendários era a voracidade da economia de guerra. Os fazendários eram possivelmente os capitalistas privados mais ricos de toda a França. Durante os cinco meses de sua prisão, a situação evoluiu para um ponto em que guilhotinar os ricos passou a ser conhecido jocosamente como "cunhar moedas na Place de la Révolution".[24]

Na prisão de Port Libre, os fazendários nem sequer tinham acesso às contas que deveriam apresentar. Finalmente, em 25 de dezembro de 1793 (enquanto Robespierre explicava as diferenças entre governo constitucional e revolucionário), foram transportados à antiga sede da fazenda, na rue de Grenelle St-Honoré, para ficarem confinados ali entre seus próprios arquivos. De forma típica, Lavoisier entregou-se ao trabalho para o qual se declarara inadequado. No final de janeiro, as contas estavam prontas.

Como os negócios da fazenda eram confusos e tediosos, a defesa contra as acusações foi detalhista e tediosa. Além disso, os temores de Delahante eram confirmados pelo fato de que as acusações específicas nunca eram apresentadas diretamente aos fazendários acusados, que tinham de adivinhá-las com base em rumores da família e amigos. A dificuldade em preparar uma defesa sob tais circunstâncias pode ser imaginada. Mesmo assim, Lavoisier conseguiu preparar respostas precisas, embora o biógrafo Poirier observe que "elas tinham um caráter tecnocrático que mesmo hoje as torna bem difíceis de entender".[25] Em maio de 1794, dadas as forças niveladoras em jogo, os membros do Tribunal Revolucionário estiveram predispostos às sutilezas dos demonstrativos financeiros ou às nuances de um processo legal — ou, em suma, a ouvir qualquer tipo de razão.

Desde setembro de 1793, um certo Antoine Dupin havia sido encarregado da investigação dos assuntos da fazenda. Ele próprio havia sido funcionário da corporação fiscal e até recentemente estivera preso por furtar uma soma significativa da fazenda e forjar os livros fiscais para ocultar o furto. Mas Dupin era um peixe pequeno ligado a um peixe bem maior. Obteve a liberdade e poder fazendo-se de vítima da perversidade geral da fazenda e alegando conhecer sua contabilidade desonesta. Como na previsão de Delahante, as acusações de Dupin eram distorcidas, quando não totalmente fictícias.

Dupin passou quase três meses preparando seus próprios relatórios preconceituosos sobre a contabilidade da fazenda. Durante aquele período, Marie-Anne Lavoisier conseguiu contatá-lo através de intermediários, que obtiveram um acordo de que Dupin trataria o caso de Lavoisier em separado (como Lavoisier vinha tentando desde o início), que o relatório de Dupin seria menos rigoroso contra Lavoisier do que contra os demais fazendários e que uma oportunidade poderia até ser criada para que ele fugisse. Em tese, tudo que madame Lavoisier precisava fazer era se dirigir pessoalmente a Dupin, agradecer-lhe e confirmar o acordo.

Quando precisou se humilhar, Marie-Anne, ao contrário, manteve seu orgulho e parece que perdeu a paciência. Durante seu encontro com Dupin, insistiu que o marido era inocente (como de fato era) e tachou seus acusadores de corrupção e maldade (acusações que eles, incluindo Dupin, bem que mereciam).* Seu comportamento foi justo, mas imprudente. Claro que seu pai não seria incluído no acordo especial que poderia ter salvado Lavoisier, de modo que acusar os acusadores era a única forma de defender ambos. Quaisquer que fossem os motivos dela, sua explosão destruiu completamente a ponte diplomática com Dupin.

Nos primeiros meses em que Lavoisier ficou na cadeia, muitos dos seus colegas cientistas ajudaram a pressionar por sua libertação, mas quanto mais parecia que ele não conseguiria se dissociar da situação aflitiva da fazenda (e quanto mais extremado o Terror se tornava), mais seus colegas se inclinavam a ficar em silêncio. O comportamento de Fourcroy, em particular, foi muito examinado e criticado. Na época, o dr. Sacombe denunciou-o: "Se um homem é tão covarde a ponto de ficar em silêncio quando, com uma simples palavra, pode salvar a vida de um grande homem, deve saber ao menos como expiar seu silêncio".[26]

Fourcroy havia sido um pupilo de Lavoisier no início, mas em 1794 sua posição era bem mais segura que a de seu preceptor em química: era membro da Convenção e do Clube dos Jacobinos. Seus detratores supõem que ele abandonou Lavoisier por ciúmes profissionais e um desejo de suplantar o cientista veterano. Tal conduta não

* Mais tarde, madame Lavoisier emergiu como líder dos sobreviventes dos fazendários-gerais que levaram Dupin a julgamento e condenação em 1795.

era desconhecida: o próprio Lavoisier, em seu auge, havia derrubado seu quinhão de veteranos e rivais. Mas, na verdade, Fourcroy tentou uma série de estratagemas para proteger Lavoisier e, pouco antes que os fazendários fossem trazidos ao Tribunal Revolucionário, chegou a invadir uma reunião do Comitê de Salvação Pública. Na descrição de outro contemporâneo, André Laugier,

> Ele se manifestou a favor de Lavoisier. Explicou, com o ardor que lhe era natural, que perda terrível esse grande químico seria para as ciências. Como Robespierre, então presidente do Comitê, permaneceu calado, ninguém mais ousou responder, e o sr. de Fourcroy foi obrigado a partir sem que ninguém parecesse ter prestado a mínima atenção ao que ele dissera. Assim que ele deixou o aposento, o presidente queixou-se de sua audácia e fez ameaças ao sr. de Fourcroy que aterrorizaram o Prieur de la Côte-D'Or a ponto de correr atrás de Fourcroy e aconselhar que não repetisse aquele gesto se quisesse salvar a própria cabeça.[27]

Nos primeiros dias de maio de 1794, Dupin apresentou à Convenção Nacional um relatório extremamente pejorativo sobre as contas da fazenda, sem que Lavoisier fosse isento da participação. Em 5 de maio, os fazendários (ainda confinados em sua antiga sede) foram notificados de que a Convenção havia deliberado enviá-los ao Tribunal Revolucionário. Embora tecnicamente devesse ocorrer um julgamento, todos entenderam que aquele voto representava uma sentença de morte. Dois homens que haviam conseguido ópio para uma tentativa de suicídio ofereceram compartilhar a oportunidade com Lavoisier. Sua resposta, cujo tom implacavelmente pragmático deve ter sido um tanto enlouquecedor para seus ouvintes, honraria qualquer estóico:

> Não me atenho à vida mais do que vocês. Fiz o sacrifício de minha vida. Os últimos momentos que aguardamos serão sem dúvida dolorosos, mas não os

devemos impedir pelo meio que vocês propõem; seria preferível morrer sufocado. Mas por que correr na frente ao encontro da morte? Será por ser vergonhoso recebê-la por ordem de outrem, e acima de tudo por uma ordem injusta? Mas, aqui, o excesso de injustiça apaga a vergonha.[28]

Em 6 de maio, o grupo foi transferido para a Conciergerie, uma fortaleza medieval na Île de la Cité, onde Maria Antonieta passara seus últimos dias antes da execução. No dia seguinte, foram brevemente interrogados. Naquela noite, receberam pela primeira vez uma declaração escrita das acusações contra eles, mas tiveram ordens de apagar as luzes antes que pudessem ler os documentos. Só tomaram conhecimento das acusações exatas ao amanhecer do dia seguinte.

Aquilo pouco importava. O julgamento, que começou às dez da manhã seguinte, foi o tipo de tribunal faz-de-conta que Delahante previra. Embora a observação de que "a Revolução não precisa de cientistas" seja considerada apócrifa, os juízes se divertiram zombando das respostas dos réus. Condenados, foram conduzidos à Place de la Révolution, em carroças abertas, ao longo do Sena, uma rota que passava sob as janelas do Louvre e pelos cenários dos maiores triunfos de Lavoisier. Um dos fazendários condenados, Papillon d'Auteroche, olhou a multidão agressiva que seguia as carroças e murmurou: "O que me irrita é ter sucessores tão desagradáveis".[29]

Às cinco da tarde, os condenados chegaram ao pé da guilhotina. Uma testemunha chamada Eugène Cheverny escreveu, depois, que Lavoisier "preparou os outros para a morte",[30] mas não registrou como exatamente.

Os fazendários eram todos "homens decentes", Cheverny também escreveu. A França já não agüentava mais o Terror. Em menos de três meses, Robespierre estaria morto. No dia seguinte à execução de Lavoisier, Joseph Louis Lagrange, um ex-acadêmico que recentemente colaborara com Lavoisier no Conselho Consultivo de Artes e Ofícios, teve a ousadia de dizer: "Eles não levaram mais do que um momento para fazer rolar aquela cabeça, e cem anos podem não ser suficientes para produzir outra cabeça daquelas".[31]

Embora se acredite que o último retrato de Lavoisier não foi traçado durante sua vida, mesmo assim impressiona. De autoria de Marie-Renée-Geneviève Brossard de Beaulieu, a gravura mostra o cientista de perfil, cabelos soltos e colarinho aberto para a lâmina da guilhotina — o estilo convencional para tais imagens ao pé do cadafalso. Os traços de Lavoisier parecem mais duros e severos do que no tranqüilo retrato de David — o que é compreensível, dadas as privações e tensões que suportara nos últimos meses. Ele parece calmo, confiante, ligeiramente altivo, com total controle de si mesmo, um pouco desdenhoso (como sempre) para com seus inferiores intelectuais, e absolutamente desdenhoso da estupidez que está prestes a ocorrer consigo.

Na Prisão de Port Libre, quando ainda tinha alguma esperança, já começara a se resignar. Em dezembro, escreveu a Marie-Anne:

> Você se inflige, minha querida e boa amiga, muita dor, muita fadiga de corpo e espírito, e eu não posso compartilhá-la. Cuidado para não abalar a saúde; isso seria o maior dos infortúnios. Minha carreira está bem avançada; desfrutei uma existência feliz desde que você me conheceu. Você desempenhou, e continua desempenhando, um papel importante nela, a cada dia, pelos sinais de apego que me dá; finalmente, deixarei para sempre lembranças de consideração e estima; portanto, minha tarefa foi cumprida, mas você, que ainda tem o direito de esperar por uma existência longa, não seja pródiga com ela. Acredito ter observado ontem que você estava triste. Por que deveria estar, se me resignei com tudo e se considero ganho tudo que não perderei?[32]

De modo característico, Lavoisier mudou de marcha e assuntos antes que a emoção o dominasse, encerrando a carta com instruções à esposa de como e quando negociar certas notas promissórias.

Em 6 de maio, quando informados do voto da Convenção contra eles, os outros fazendários passaram a escrever a seus parentes mais próximos. Já a última carta sobrevivente de Lavoisier não é para nenhuma pessoa íntima, mas para uma sobrinha, Auger de Villers, que, afora esse episódio, mal aparece em sua história:

> Tive uma carreira razoavelmente longa e especialmente feliz, e acredito que minha lembrança será acompanhada por alguns remorsos, talvez até por alguma glória. Que mais eu poderia desejar? Os eventos em que me acho envolvido provavelmente me pouparão as inconveniências da velhice. Morrerei inteiro — mais uma vantagem dentre todas que desfrutei. Se sofro de alguns sentimentos dolorosos, é por não poder fazer mais por minha família, por estar privado de tudo e, assim, ser incapaz de dar a ela ou você qualquer sinal de meu apego e gratidão.
>
> Escrevo-lhe hoje, pois talvez amanhã não me seja mais permitido fazê-lo, e porque é uma doce consolação para mim, nesses últimos momentos, preencher minha mente com você e outras pessoas que me são caras. Lembre-me a quem se interessar; compartilhe esta carta com eles. Provavelmente é a última que lhe escrevo.[33]

Se tivesse se dirigido direto à sua "querida e boa amiga" Marie-Anne, talvez não conseguisse ser tão moderado. Claro que Lavoisier sabia que estava escrevendo para a posteridade. Como sempre, tomou cuidado para equilibrar a balança.

NOTAS

CAPÍTULO 1. *ANCIEN RÉGIME* (pp. 9-37)

1. Jean-Pierre Poirier, *Antoine Laurent Lavoisier: 1743-1794* (Paris: Pygmalion/Gérard Watelet, 1993), p. 335. Essa edição francesa será doravante designada como "Poirier, edição francesa".
2. Jean-Pierre Poirier, *Lavoisier: Chemist, biologist, economist*, tradução inglesa de Rebecca Balinski (Filadélfia: University of Pennsylvania Press, 1996), p. 275. Essa tradução será doravante designada como "Poirier".
3. Sidney J. French, *Torch and crucible: The life and death of Antoine Lavoisier* (Princeton: Princeton University Press, 1941), p. 20; Poirier, p. 6.
4. Poirier, edição francesa, p. 6.
5. *Ibid.*, p. 7.
6. Arthur Donovan, *Antoine Lavoisier: Science, administration, and revolution* (Cambridge: Cambridge University Press, 1993), pp. 34-5.
7. Poirier, edição francesa, p. 15; Poirier, p. 14.
8. Poirier, p. 28.
9. Poirier, edição francesa, p. 41.
10. Donovan, *Antoine Lavoisier*, p. 111.
11. *Ibid.*, p. 128.
12. Poirier, edição francesa, p. 46.
13. Donovan, *Antoine Lavoisier*, p. 125.
14. Poirier, p. 101.

15. Poirier, edição francesa, p. 49.
16. Poirier, p. 275.
17. Poirier, edição francesa, p. 291.
18. Donovan, *Antoine Lavoisier*, p. 199.
19. *Ibid.*, p. 200.
20. Poirier, edição francesa, pp. 103-4.
21. Poirier, p. 172.
22. Poirier, edição francesa, p. 210.
23. *Ibid.*, p. 122.
24. *Ibid.*, p. 37.
25. Donovan, *Antoine Lavoisier*, p. 221.
26. *Ibid.*, p. 227.
27. Poirier, edição francesa, p. 169.

CAPÍTULO 2. A PARTIR DA ALQUIMIA (pp. 38-63)

1. Poirier, edição francesa, p. 5.
2. *Ibid.*, p. 6.
3. Marco Beretta, *The Enlightenment of matter: The definition of chemistry from Agricola to Lavoisier* (Canton, MA: Watson Publishing International, 1993), p. 131.
4. *Ibid.*, p. 132.
5. Donovan, *Antoine Lavoisier*, p. 47.
6. William R. Newman e Lawrence M. Principe, *Alchemy tried in the fire: Starkey, Boyle, and the fate of Helmontian chemistry* (Chicago: University of Chicago Press, 2002), p. 53.
7. *Ibid.*, p. 192.
8. *Ibid.*, pp. 192-3.
9. Beretta, *Enlightenment*, p. 77; C. G. Jung, *Psychology and alchemy*, 2ª edição, tradução inglesa de R. F. C. Hull (Princeton: Princeton University Press, 1968), p. 179.
10. Beretta, *Enlightenment*, p. 77.
11. Robert Halleux, "Pratique industrielle et chimie philosophique de l'Antiquité au XVII siecle", *L'Actuelité chimique* (janeiro-fevereiro de 1987), p. 19.
12. Beretta, *Enlightenment*, p. 86.
13. *Ibid.*, p. 109.
14. Robert Boyle, *The sceptical chymist: or chymico-physical doubts & paradoxes* (Londres: J. Cadwell, 1661), p. 73.
15. *Ibid.*, p. 89.
16. *Ibid.*, p. 124.
17. *Ibid.*, p. 135.
18. Trevor H. Levere, *Transforming matter: A history of chemistry from alchemy to the buckyball* (Baltimore: Johns Hopkins University Press, 2001), p. 44.
19. Beretta, *Enlightenment*, p. 127.

20. Immanuel Kant, *Critique of pure reason*, tradução inglesa de Norman Kemp Smith (Londres, 1973), p. 20.
21. Poirier, edição francesa, p. 9.
22. Beretta, *Enlightenment*, p. 129.
23. Antoine Nicolas Condorcet, *The sketch for a historical picture of the progress of the human mind*, tradução inglesa de June Barraclough (Westport, CT: Greenwood Press, 1979), pp. 148-9.
24. *Ibid.*, p. 151; *ver também* pp. 153 ss. para uma discussão da revolução química.
25. Donovan, *Antoine Lavoisier*, p. 70.
26. *Ibid.*
27. *Ibid.*, p. 62.
28. *Ibid.*, p. 71.
29. *Ibid.*
30. *Ibid.*, p. 181.
31. Fragmento 17. Site de química do ChemTeam: http://dbhs.wvusd.k12.ca.us/webdocs/Equations/Conserv-of-Mass.html. Acessado em 15 de novembro de 2003.
32. *Ibid.*
33. Poirier, p. 43.
34. *Ibid.*, p. 63.
35. *Ibid.*
36. Poirier, edição francesa, p. 72.

CAPÍTULO 3. *LE PRINCIPE OXYGINE* (pp. 64-112)

1. Henry Guerlac, *Lavoisier — The crucial year: The background and origin of his first experiments on combustion in 1772* (Ithaca: Cornell Univeristy Press, 1961), pp. 227 ss. Grifos meus.
2. *Ibid.*, p. 27.
3. Poirier, p. 10.
4. Guerlac, *Lavoisier — Crucial*, p. 209.
5. *Ibid.*, p. 208.
6. *Ibid.*, p. 210.
7. *Ibid.*, p. 214.
8. *Ibid.*
9. *Ibid.*, p. 223.
10. *Ibid.*, p. 219.
11. *Ibid.*, p. 216.
12. *Ibid.*, p. 22.
13. *Ibid.*, pp. 222-3.
14. *Ibid.*, p. 215.
15. *Ibid.*, p. 144.
16. Donovan, *Antoine Lavoisier*, p. 97.

17. Guerlac, *Lavoisier — Crucial*, p. 214.
18. *Ibid.*, p. 228.
19. *Ibid.*, pp. 227 ss.
20. *Ibid.*
21. Poirier, edição francesa, p. 72.
22. *Ibid.*, p. 58.
23. Guerlac, *Lavoisier — Crucial*, p. 1.
24. Frederic Lawrence Holmes, *Antoine Lavoisier — The next crucial year, or the sources of his quantitative method in chemistry* (Princeton: Princeton University Press, 1998), p. 16.
25. *Ibid.*, p. 21.
26. *Ibid.*, p. 164.
27. *Ibid.*, p. 165.
28. *Ibid.*
29. *Ibid.*, p. 37.
30. *Ibid.*, p. 81.
31. *Ibid.*, p. 133. Grifo meu.
32. *Ibid.*, p. 135.
33. *Ibid.*
34. Poirier, p. 74.
35. *Ibid.*, p. 75.
36. *Ibid.*
37. *Ibid.*, p. 76.
38. Arquivos da Academia de Ciências, Paris, Coleção Lavoisier, doação de Chabrol, caixa 2, arquivo 3.
39. Poirier, p. 81.
40. Poirier, edição francesa, p. 85.
41. Poirier, p. 103.
42. Poirier, edição francesa, p. 85.
43. Poirier, p. 80.
44. Donovan, *Antoine Lavoisier*, p. 139.
45. Poirier, edição francesa, pp. 116-7.
46. *Ibid.*, p. 114.
47. Beretta, *Enlightenment*, p. 177.
48. Donovan, *Antoine Lavoisier*, p. 151.
49. *Ibid.*
50. *Ibid.*
51. *Ibid.*, p. 150.
52. Poirier, p. 142.
53. *Ibid.*, p. 143.
54. *Ibid.*, p. 151.
55. *Ibid.*

CAPÍTULO 4. A REVOLUÇÃO QUÍMICA (pp. 113-40)

1. Madeleine Pinault Sørenson, "Madame Lavoisier: Dessinatrice et peintre", *La Revue de la Musée des Arts et Métiers* (Paris, março de 1994), p. 25.
2. Poirier, p. 245.
3. Beretta, *Enlightenment*, p. 181.
4. Poirier, edição francesa, p. 191.
5. Beretta, *Enlightenment*, p. 178.
6. *Ibid.*, p. 183.
7. *Ibid.*
8. Poirier, p. 178.
9. Poirier, edição francesa, p. 197.
10. *Ibid.*, p. 198.
11. Poirier, p. 187.
12. Beretta, *Enlightenment*, p. 200.
13. *Ibid.*, p. 195.
14. Poirier, edição francesa, p. 197.
15. Beretta, *Enlightenment*, p. 202.
16. *Ibid.*, p. 209.
17. *Ibid.*, p. 220.
18. *Ibid.*, p. 201.
19. *Ibid.*, p. 222.
20. *Ibid.*, pp. 232-3.
21. *Ibid.*, p. 233.
22. *Ibid.*, p. 224.
23. *Ibid.*, p. 235.
24. *Ibid.*, p. 236.
25. *Ibid.*
26. *Ibid.*, p. 239.
27. *Ibid.*, p. 244.
28. Antoine Lavoisier, *Elements of chemistry* (Nova York: Dover Publications, 1965), pp. xvii-xviii.
29. *Ibid.*, pp. xvii-xix.
30. *Ibid.*, p. xxxiii.
31. *Ibid.*, p. xxxii.
32. *Ibid.*, p. xxxiii.
33. *Ibid.*, p. xxxvi.
34. *Ibid.*
35. *Ibid.*, p. xxxviii.
36. *Ibid.*, p. 130.
37. *Ibid.*, p. xxiv.
38. Poirier, edição francesa, p. 197.
39. Beretta, *Enlightenment*, p. 251.

CAPÍTULO 5. **O FIM DO ANO UM (pp. 141-71)**

1. Poirier, p. 225.
2. Poirier, edição francesa, p. 240.
3. Levere, *Transforming matter*, p. 57.
4. Poirier, edição francesa, p. 271.
5. *Ibid.*
6. *Ibid.*, p. 292.
7. *Ibid.*, p. 291.
8. *Ibid.*, p. 293.
9. *Ibid.*, p. 355.
10. *Ibid.*
11. Charles Murray, "Well, it seemed like a good idea at the time", Week in Review, *New York Times*, 30 de novembro de 2003.
12. *Ibid.*
13. *Ibid.*
14. Condorcet, *Sketch for a historical picture*, p. 173.
15. *Ibid.*, p. 179.
16. George Rudé (org.), *Robespierre* (Nova York: Prentice-Hall, 1967), p. 73.
17. *Ibid.*, p. 59.
18. Poirier, edição francesa, p. 372.
19. Poirier, p. 340.
20. Poirier, edição francesa, p. 375.
21. *Ibid.*
22. *Ibid.*
23. Poirier, p. 353.
24. *Ibid.*, p. 368.
25. *Ibid.*, p. 363.
26. *Ibid.*, p. 384.
27. Poirier, edição francesa, p. 411.
28. Poirier, p. 398.
29. Poirier, edição francesa, p. 407.
30. Poirier, p. 381.
31. *Ibid.*, p. 409.
32. Poirier, edição francesa, p. 357.
33. *Ibid.*, p. 401.

PARA SABER MAIS

Antoine Laurent Lavoisier: 1743-1794, de Jean-Pierre Poirier, destaca-se como a biografia definitiva de Lavoisier, abordando toda a sua vida e obra em detalhes, do início ao fim, e, na maior parte, em ordem cronológica. Os leitores francófonos devem ser avisados de que a edição inglesa desta obra, *Lavoisier: Chemist, biologist, economist*, foi bem ampliada e contém muito material inexistente na edição francesa original.

Antoine Lavoisier: Science, administration, and revolution, de Arthur Donovan, é uma obra igualmente valiosa. Embora menos exaustiva que os volumes de Poirier, beneficia-se de uma organização temática, ao contrário da abordagem mais estritamente cronológica de Poirier. Donovan organiza a vida e obra de Lavoisier por categorias, e se esmera em situar suas atividades (na economia e no governo, tanto quanto na ciência) em um contexto histórico impressionante.

Torch and crucible: The life and death of Antoine Lavoisier, a biografia de 1941 de Sidney J. French, embora certamente datada, continua interessante, mais acessível a um público geral do que as obras mais especializadas de Donovan e Poirier. Seu livro, como o de Douglas McKie, *Antoine Lavoisier: Scientist, economist, social reformer* (Nova York: Henry Schumann, 1952), fornece muitos detalhes de interesse humano não encontrados nas biografias mais atuais. O artigo de Charles Gillispie sobre Lavoisier em *Science and polity in France at the end of the Old Regime* (Princeton: Princeton University Press, 1980), embora relativamente breve, define uma atitude em relação a Lavoisier e sua obra que persiste nos tratamentos mais recentes do químico. *Antoine Laurent Lavoisier: Chemist and revolutionary*, de Henry Guerlac (Nova York: Scribner, 1975), oferece um dos resumos mais rápidos e eficientes da carreira científica de Lavoisier, por um autor que também é um *expert* nos menores detalhes.

O livro de Guerlac, *Lavoisier — The crucial year: The background and origin of his first experiments on combustion in 1772*, é um tratamento superminucioso desse tema. É especialmente útil por incluir como apêndices os rascunhos da maioria das apresentações de Lavoisier (públicas ou secretas) à Academia de Ciências durante esse período crítico — com reprodução textual e completa das "rasuras". A desvantagem para leitores não francófonos é que, no decorrer do texto, Guerlac cita Lavoisier *somente* em francês.

Antoine Lavoisier — The next crucial year, or the sources of his quantitative method in chemistry, de Frederic Lawrence Holmes, é, como o título indica, ao mesmo tempo uma homenagem e réplica à obra anterior de Guerlac. O alvo declarado de Holmes é o sistema de "balanço contábil" de Lavoisier de avaliar resultados experimentais, e embora ele traga esse assunto à tona, a revelação mais interessante e um tanto inesperada (contrastando com as representações subseqüentes de Lavoisier) é o número de erros, bem superior aos acertos, em seus primeiros testes do método. Também contrariando as expectativas, Holmes mostra que, durante a fase principal da carreira, Lavoisier ousou levar suas argumentações teóricas bem mais longe, antes de contar com provas concretas, do que teriam logicamente permitido suas próprias postulações sobre os padrões do procedimento científico.

A transição da alquimia para a química moderna é uma área que parece madura para novas explorações. O livro de Trevor H. Levere, *Transforming matter: A history of chemistry from alchemy to the buckyball*, dá a esse tema (junto com muitos outros) um tratamento ágil e lúcido. Em *Alchemy tried in the fire: Starkey, Boyle, and the fate of Helmontian chemistry*, William R. Newman e Lawrence M. Principe redefinem seus dois protoquímicos do século XVII como intermediários na evolução da alquimia para a química — demonstrando de forma convincente que a evolução foi mais gradual do que até então se pensava. O livro de Marco Beretta *The Enlightenment of matter: The definition of chemistry from Agricola to Lavoisier* é um tratamento microscopicamente detalhado desse mesmo tópico, mas com uma ênfase especial em sua iconografia e, acima de tudo, em sua linguagem. Beretta mostra de modo persuasivo como a reforma da linguagem química por Lavoisier foi ao menos tão importante quanto sua revolução da teoria química.

Outra contribuição maravilhosa de Marco Beretta é *Imaging a career in science: The iconography of Antoine Laurent Lavoisier* (Canton, MA: Science History Publications, 2001), que reproduz todas as imagens conhecidas de Lavoisier, junto com os desenhos de madame Lavoisier do laboratório, e discute sua proveniência e importância no padrão iconográfico criado pelo casal Lavoisier e que, por mais que procurassem controlar, acabou se tornando maior do que eles.

Em março de 1994, *La Revue de la Musée des Arts et Métiers* publicou uma edição dedicada aos estudos sobre Lavoisier, que inclui, entre muitos outros materiais interessantes, uma interpretação de Poirier do retrato pintado por David do casal Lavoisier, e um estudo de Madeleine Pinault Sørenson da carreira artística de madame Lavoisier, concentrando-se nas aulas de David e reproduzindo dois desenhos antes desconhecidos daquele período. *Oxygen*, peça de Roald Hoffmann e Carl Djerassi, é uma dramatização interessante da corrida pela descoberta (e, acima de tudo, pelo reconhecimento) entre Priesley, Scheele e Lavoisier, e exata nos detalhes essenciais. A carta manuscrita de Scheele a Lavoisier é reproduzida, como uma gravura, na edição da peça publicada pela Wiley-VCH em 2001.

Os instrumentos do laboratório de Lavoisier estão expostos no Musée des Arts et Métiers, em Paris. O equipamento ainda funciona, e no outono de 2003 foi usado numa repetição de vários experimentos importantes de Lavoisier. Os Arquivos da Academia de Ciências de Paris contêm um vasto tesouro de documentos de Lavoisier. Essa coleção está abrigada no magnífico prédio que foi o Collège Mazarin, onde Lavoisier cursou o ensino básico — na margem esquerda do Sena, diante do Louvre, que abrigava a Academia de Ciências quando Lavoisier era membro, mais ou menos no meio do caminho entre seu laboratório no Arsenal e o local de sua execução.

AGRADECIMENTOS

Meus agradecimentos a James Atlas pelo convite; a Jesse Cohen pelo extraordinário trabalho editorial; a Marie-Josèphe Mine, dos Arquivos da Academia de Ciências de Paris, pela ajuda com os documentos de Lavoisier localizados ali; à professora Esther Gibbs, do Departamento de Química do Goucher College, pela ajuda com certos fatos da química moderna; e ao dr. James Hughes por me direcionar para Condorcet.

CRÉDITOS DAS ILUSTRAÇÕES

Página 21: Coleção particular/Archives Charmet/Bridgeman Art Library
Página 62: Bibliotheque des Arts Decoratifs/Archives Charmet/Bridgeman Art Library
Página 81: Rare Book & Special Collections, University of Sydney Library
Página 96: National Library of Medicine
Página 111: Coleção particular/ Bridgeman Art Library
Página 112: National Library of Medicine
Página 118: Coleção particular/Archives Charmet/Bridgeman Art Library

ÍNDICE REMISSIVO

Os números em itálico remetem às ilustrações

Esta obra foi composta em Janson
por Osmane Garcia Filho e impressa
pela gráfica Bartira em ofsete
sobre papel Pólen Soft da Suzano
Papel e Celulose para a Editora
Schwarcz em fevereiro de 2007.